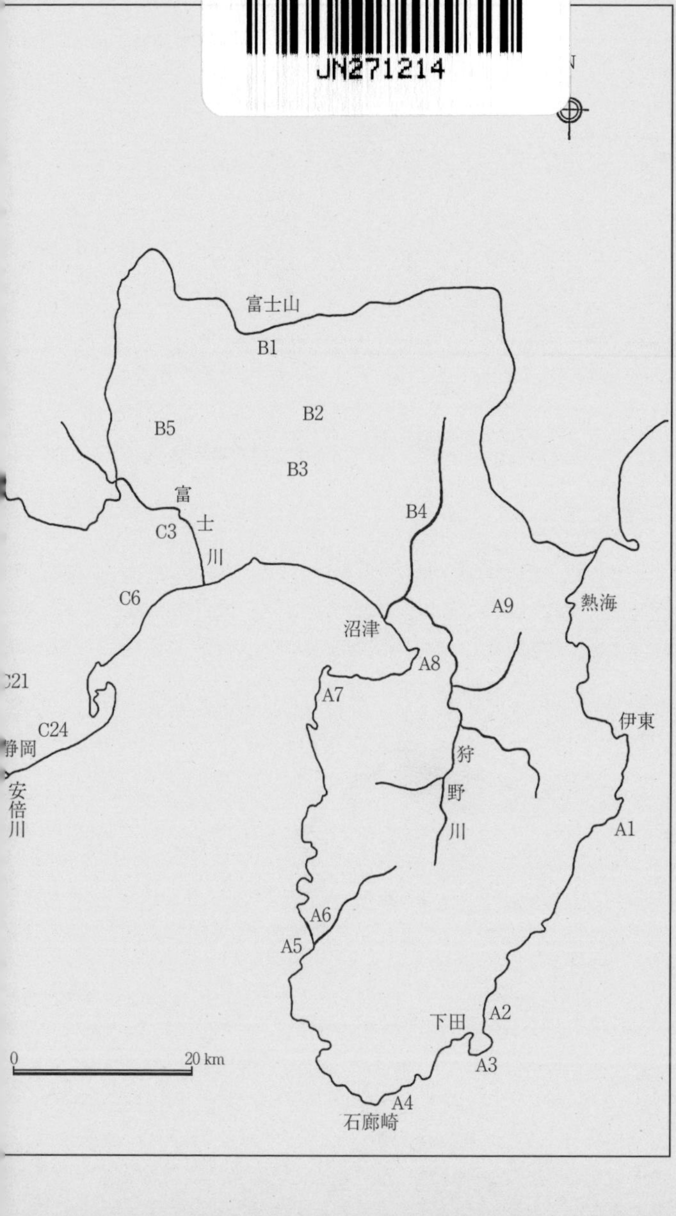
N
富士山
B1
B2
B5
B3
富
士
川
C3
B4
C6
A9
熱海
沼津
A8
C21
A7
伊東
C24
静岡
安
倍
川
狩
野
川
A1
A6
A5
A2
下田
0
20 km
A3
A4
石廊崎

地学のガイドシリーズ 24

新版 静岡県

地学のガイド

—— 静岡県の地質とそのおいたち ——

静岡大学名誉教授　理博　土　隆一　編著

コロナ社

「静岡県地学のガイド」関係者一覧

編 著 者　　土　　隆一　静岡大学名誉教授，理博
　　　　　　　　（つち）（りゅういち）

執 筆 者（五十音順）
茨木　雅子　　元　静岡大学教授，理博
（いばらき）（まさこ）
狩野　謙一　　静岡大学教授，理博
（かの）（けんいち）
北村　孔志　　静岡大学大学院研究生，学術博
（きたむら）（こうし）
齋藤　俊仁　　元　中学校教諭
（さいとう）（としひと）
佐野　貴司　　国立科学博物館，理博
（さの）（たかし）
土　　隆一　　静岡大学名誉教授，理博
道林　克禎　　静岡大学准教授，Ph. D
（みちばやし）（かつよし）

（所属は 2010 年 4 月現在）

まえがき

"静岡県地学のガイド"の初版が刊行されてから，すでに18年が経ちました。この間の地学の進歩は目覚ましく，地層の年代の精度が高まった点は特に注目すべきことと思われます。静岡県は中古生代から第四紀まで，それぞれの年代の地層が広く分布し，堆積岩ばかりでなく，火成岩も変成岩もあり，また，日本の最高峰である"富士山"をはじめ多くの火山をかかえています。また，フォッサマグナ，それに糸魚川－静岡構造線，中央構造線といった日本列島を横切る地質構造線も静岡県を通ります。特に，新第三紀中頃に南方洋上の海底火山群であった伊豆半島が，新第三紀末には静岡県東部に衝突した出来事，それに，海岸地帯に見られる多くの活断層や活褶曲が周辺にどのような影響をあたえているかの分析と対応が今後の静岡県の課題といえましょう。

日本一高い山である富士山と日本一急深な駿河湾がなぜここにあるのか，と地形的な変化も大きい静岡県に対して，自然や地学に関心をもつ学生諸君や多くの方々は興味をもっておられるにちがいありません。一度は静岡の自然を訪れたいと期待している方々も多いと思われます。本書はこのように，静岡県の方々ばかりでなく，日本の各地から訪れてみたいと思っている方々の地学の観察の手引きになればと思ってつくりました。

地学は野外の地形と地層の観察から始まるといってよいでしょう。自然をどのように観察するのかがわかると，つぎつぎと地学に対する興味がわいてくると思います。執筆をしてくださった方々はいずれも野外観察から出発し，永年にわたって地学を研究し，また教えてこられた方々です。本書が自然を地球をもっと知りたい方々に少しでもお役に立てば幸いです。

本書の作成にあたってはコロナ社の方々にも大変お世話になりました。これらの方々にここで厚く御礼申し上げます。

2010年4月

土　隆一

本書の利用にあたって

　46億年の歴史をもっている地球にはさまざまな地学的現象がきざまれていますが，静岡県にも2億年前からの地史が残されています。本書は静岡県の地学案内書として，この地域の地形・地質の特色がとらえられるようにまとめてみました。静岡県を東から西へ，伊豆半島，富士山とその周辺，南部フォッサマグナと安倍川流域，大井川流域，御前崎周辺から掛川地域，天竜川流域，浜名湖周辺の7地域に大きく分け，それぞれのルートを選び，それに沿った地学案内を収録しました。各ルートは1日または半日で歩ける距離となっています。見学ルートにはAからGまでの通し番号をつけましたが，その位置図は表紙の見返しに入れてあります。東の伊豆半島から始まり西縁の浜名湖で終わりとなっています。

　各見学ルートにはルートを示す図，そこへ行き帰りの交通案内，見学ルートで使う5万分の1地形図，その付近一帯の地質概略，見学コースに沿う各地点の地学的特色や観察事項の説明，などが書かれていますが，できるだけ説明図や写真を入れるようにしました。本書は主として地学に興味のある中学生・高校生また一般向けに編集し，地図を見ながら自分でそこに行くことができ，何を観察するのかがわかるようにしてあります。また，各地域ごとにその周辺の地学の概略をとりあげて，各ルートと周辺地域との関連を考えやすくするように配慮しました。

　内容の説明にはできるだけ地学の進歩を取り入れ，写真や説明図は内容を鮮明に表現するように心がけました。写真はなるべく執筆者が撮影したものをのせるようにしましたが，よりよいものがある場合には提供を依頼して，その旨を明記しました。

　巻末には索引をつくり地名や地学用語の辞書としても利用できるようにしてあります。本書は静岡県で見られる地学的事象の観察の手引きともいえます。なお，本書を利用される際には，現地情報を事前にご確認ください。5万分の1の地形図は手にはいりやすいので，できるだけ地形図を見ながら出かけることにしましょう。本書を自然観察に大いに活用していただきたいと思います。

（編者しるす）

も　く　じ

I. 静岡県の地形と地質 … 1
　1. 地形の特徴 …………………… 1
　2. 地質の特徴 …………………… 5

II. 静岡県の地学めぐり… 13
　A. 伊豆半島…………………… 13
　　1. 伊豆城ヶ崎海岸……… 15
　　1-1　大室山火山の溶岩
　　1-2　ピクニカルコース
　　　　－門脇崎の溶岩トンネル
　　　　「ふながた」－
　　1-3　自然研究路
　　　　－かんのん浜ポットホー
　　　　ルとはしだて柱状節理－
　　2. 白浜層群の地層と貝化石
　　　　……… 19
　　2-1　板戸海岸の貝化石
　　2-2　白浜神社付近の露頭と
　　　　白浜海岸
　　3. 下田から須崎半島へ… 22
　　3-1　下田から柿崎へ
　　3-2　須崎港恵比須島
　　3-3　細間の段から爪木崎へ
　　4. 石廊崎から弓ヶ浜海岸へ
　　　　……… 25
　　4-1　石廊崎周辺
　　4-2　伊豆半島沖地震と
　　　　石廊崎断層
　　4-3　海食洞と波食台
　　5. 松崎から雲見まで…… 30
　　5-1　室岩洞から岩地・
　　　　石部・雲見へ
　　5-2　雲見海岸と千貫門
　　6. 堂ヶ島海岸と仁科川… 33
　　6-1　堂ヶ島
　　6-2　仁科川と湯ヶ島層群
　　6-3　白川河床の凝灰質砂岩
　　　　シルト岩互層
　　7. 大瀬崎から戸田へ…… 37
　　7-1　大瀬崎
　　7-2　大瀬崎から井田へ
　　7-3　戸田と御浜崎
　　8. 狩野川と田方平野…… 41
　　8-1　狩野川と浄蓮の滝
　　8-2　田方平野
　　9. 丹那断層に沿って…… 44
　　9-1　乙越の丹那断層跡
　　9-2　丹那盆地と断層谷
　B. 富士山とその周辺……… 48
　　1. 富士山頂へ…………… 51
　　1-1　富士宮口新五合目から
　　　　六合目へ
　　1-2　六合目から頂上へ
　　1-3　御鉢めぐり

もくじ

2. 宝永火口と宝永山…… 57
  2-1 富士宮口新五合目から宝永火口へ
  2-2 宝永火口から宝永山へ
  2-3 砂走りを通って太郎坊へ
3. 中腹の側火山と火山噴出物…………… 62
  3-1 太郎坊から幕岩へ
  3-2 幕岩から水ヶ塚駐車場へ
4. 東麓―三島から御殿場へ― ……… 64
  4-1 五竜ノ滝
  4-2 屏風岩
  4-3 駒門風穴
  4-4 印野の御胎内
  4-5 柿田川
5. 西麓―浅間大社から朝霧高原へ― ………… 68
  5-1 湧玉池
  5-2 白糸の滝
  5-3 田貫湖と小田貫湿原
  5-4 猪之頭湧水群
C. 南部フォッサマグナと安倍川流域……………… 74
  1. 南部フォッサマグナと安倍川流域…………… 74
  2. 富士川下流に沿って … 75
  3. 星山丘陵と羽鮒丘陵 … 76
  4. 月代の芝川溶岩柱状節理 ……… 77
  5. 白鳥山対岸の地層…… 77
  6. 浜石岳―駿河湾一帯を眺める― ……………… 78
  7. 由比の地すべり……… 79
  8. 浜石岳の頂上へ……… 81
  9. 褶曲した小河内層群の露頭 ……… 81
  10. 安倍川上流―大谷崩れの土石流― ……… 82
  11. 砂防ダム ………… 83
  12. 赤 水 滝 ………… 83
  13. 金山と温泉 ……… 85
  14. 大谷崩れと新田 …… 85
  15. 中河内川と仙俣川に沿って―瀬戸川層群の観察― ……… 87
  16. 口仙俣の石灰岩 …… 88
  17. 瀬戸川層群とその年代 ……… 89
  18. 口坂本周辺と温泉 … 90
  19. 鯨ヶ池から麻機へ―糸魚川‐静岡構造線を横切る― 91
  20. 鯨ヶ池から桜峠へ … 92
  21. 糸魚川‐静岡構造線 ……… 93
  22. 静 岡 層 群 ……… 94
  23. 浅 畑 沼 ……… 94
  24. 有度山―隆起を続ける日本平― ……… 94
  25. 草薙から登る ……… 96

26. 有度山をつくる地層 …… 96
27. 久能山と三保半島 … 99
28. 大崩海岸—枕状溶岩を見る— …… 100
29. 大崩海岸 …… 101
30. 小浜の枕状溶岩 …… 102
31. 高草山—アルカリ玄武岩と化石— …… 102
32. 高草山頂上から廻沢へ …… 103
33. 大型有孔虫の化石 … 104

D. 大井川流域 …… 105
1. 流域の概要 …… 105
2. 大井川河口平野 …… 107
3. 川口周辺の三倉帯乱泥流堆積物 …… 109
4. 大井川中流の蛇行 …… 110
  4-1 天王山と野守の池
  4-2 鵜山の七曲がり
5. 南赤石林道周辺 …… 111
  5-1 犬居帯の混在岩
  5-2 大札山
  5-3 寸又川帯の砂岩泥岩互層
  5-4 山犬段
6. 接岨峡—畑薙第一ダム周辺— …… 114
  6-1 接岨峡の穿入蛇行
  6-2 再び犬居帯の混在岩
  6-3 畑薙第一ダムの堆砂
  6-4 赤崩の大崩壊
7. 椹島周辺 …… 117
  7-1 牛首峠
  7-2 千古の滝の褶曲
  7-3 木賊ダム周辺のチャートと緑色岩
  7-4 鳥森山
  7-5 椹島付近の大井川河床
8. 荒川三山・赤石岳 …… 120
  8-1 椹島から千枚小屋
  8-2 千枚小屋から荒川三山をへて荒川小屋
  8-3 荒川小屋から赤石岳をへて赤石小屋

E. 御前崎から掛川地域 …… 125
1. 地域の概要 …… 125
2. 御前崎から浜岡砂丘 … 126
  2-1 御前崎海岸と牧ノ原礫層白羽相
  2-2 白羽の風食礫
  2-3 桜ヶ池
  2-4 浜岡砂丘
3. 相良から牧ノ原台地へ …… 130
  3-1 相良町から男神山へ
  3-2 相良油田
  3-3 古谷泥層と牧ノ原礫層
4. 掛川層群の堀之内砂岩シルト岩互層と凝灰岩層 … 134
  4-1 堀之内砂岩シルト岩互層
  4-2 白岩凝灰岩層
  4-3 五百済凝灰岩層

vi　もくじ

5. 掛川市街から南へ―掛川層群上部層・曽我層群・小笠山礫層― ………… 137
   - 5-1 長谷の貝化石
   - 5-2 土方シルト岩層と曽我シルト岩層
   - 5-3 小笠山礫層
6. 掛川市街の北西部から北へ―掛川層群・西郷層群・倉真層群の地層― ……… 140
   - 6-1 掛川層群天王シルト質砂岩層
   - 6-2 細谷凝灰岩層
   - 6-3 倉真層群松葉珪質シルト岩層
   - 6-4 西郷層群西郷シルト岩層

F. 天竜川流域 …………… 145
   1. 流域の概要 …………… 145
   2. 地質の説明―領家花こう岩・領家変成岩・三波川変成岩・中央構造線・断層岩― …………… 145
   3. 領家花こう岩 ………… 146
   4. 変成岩 ………………… 147
   5. 三波川変成岩 ………… 147
   6. 領家変成岩 …………… 149
   7. 中央構造線と断層岩 … 150
   8. 中央構造線 …………… 150
   9. 断層岩 ………………… 151
   10. 岩石が割れて形成した断層岩と破砕帯 …… 152
   11. 岩石が割れないで形成した断層岩とせん断帯 ……… 152
   12. 見学地 ………… 153
      - 12-1 白倉峡の散歩道―三波川変成岩の渓谷―
      - 12-2 佐久間ダム―領家花こう岩の大岩壁―
      - 12-3 北条（ホウジ）峠の中央構造線
      - 12-4 青崩峠の塩の道　―中央構造線と領家変成岩―
      - 12-5 飯田線浦川駅周辺の地質ハイキング―中央構造線と断層岩―

G. 浜名湖周辺 …………… 163
   1. 地域の概要 …………… 163
   2. 浜名湖北部の石灰岩帯と洞窟を歩く …………… 166
   3. 滝沢鍾乳洞の化石と遺跡 ……… 166
   4. カルスト地形の滝沢展望台 ……… 168
   5. 水平天井の鷲沢風穴 … 168
   6. 都田川の埋もれ木 …… 169
   7. 井伊谷川周辺を歩く … 170
   8. 地底探検竜ヶ岩洞 …… 171
   9. 谷下の石灰岩採取地跡とワニ化石 …………… 173

10. 浜名湖東岸のナウマンゾウと化石を追って ………… 175
11. ナウマンゾウ産出地とタイプ標本 ………… 175
12. 佐浜泥層と大平台で産する貝化石 ……… 177
13. 東神田川神ヶ谷の河床の痩果（種子）化石と花粉 ……… 179
14. 三ヶ日人（縄文時代人）・只木遺跡と雨生山を訪ねる …………………… 180
15. 化石人類の只木遺跡 ……… 180
16. 超塩基性岩の雨生山 ……… 182
17. 風紋の中田島砂丘を訪ねる ……………… 183
18. 風紋と砂堤列 ……… 183

H. ［特集］浮遊性有孔虫化石による地質年代の測定 ……… 186
  1. 浮遊性有孔虫化石はどのようにして取り出すか ……… 186
  2. 岩石の採取とその処理 ……… 187
  3. プレパラートの作成 … 188
  4. 浮遊性有孔虫を利用した地質年代の測定 ……… 188

I. 静岡県の地形と地質

1. 地形の特徴

　静岡県の地形は空から眺めれば一目でわかります。南方上空から眺めた静岡県の鳥瞰図（**図 I-1**）を見るとわかるように，海に迫る急峻な山地，幅狭い海岸平野，急流河川の三つは静岡県の地形を代表する言葉ですが，それは同時に日本の地形を代表する言葉でもあります。静岡県にはそのほかに，東部の富士山と伊豆半島の火山群，中西部の平滑な海岸と伊豆半島のリアス式海岸，それに太平洋の急深な海底が眼前に広がります。

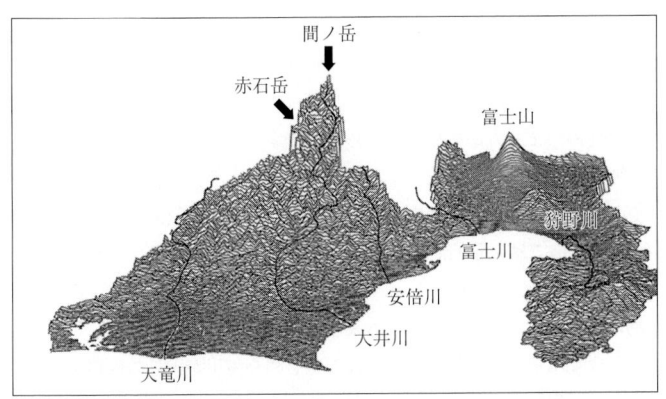

図 I-1　南方上空から眺めた静岡県の鳥瞰図（国土地理院による）
（鳥瞰図は南方上空から俯角 24°，高さは 2.5 倍に強調）

　海岸からそそり立つ急峻な山地は中西部に広がる南アルプス赤石山脈（赤石岳，標高 3 120 m）とその手前の山々，それに中部の竜爪山（1 051 m）など南部フォッサマグナの山々で，山地斜面の平均傾斜は 40°以上が多いのです（**図 I-2**）。富士山（3 776 m）も海岸から直接そびえ立っているし，伊豆半島も大部分は山地からできていて，最高点は天城山（1 406 m）が占めています。

I. 静岡県の地形と地質

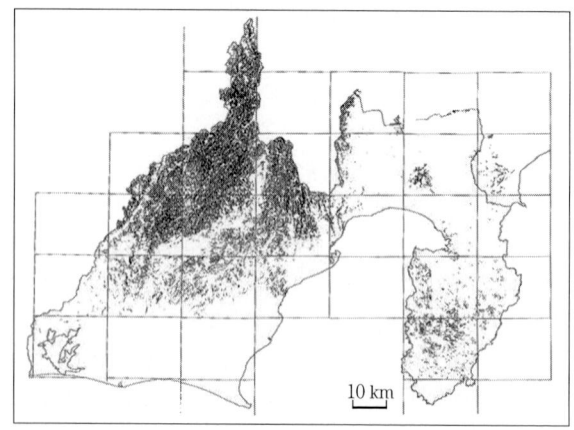

図 I-2 静岡県の山地で斜面の平均傾斜が
40°以上の地域を示す

　海岸平野はなぜ幅狭いかというと，それは急峻な山地と急深な海底に原因があります。西部の海岸平野はそれでも少しは幅がありますが，それは山の高まり方と海底の深まり方がやや緩いためなのです。駿河湾と相模湾が急深であるのは，西南日本の沖合いに並行する海溝状の南海トラフとそれに続く駿河トラフ，そして日本海溝に続く相模トラフがあるためです。駿河湾は湾奥でも水深は900 m，湾口では2400 mに達し，湾央を南北に溝状のトラフが延びています（**図 I-3**）。これを数10 mという深さの東京湾，伊勢湾に比較するならば，駿河湾はまさに太平洋そのものが湾入しているといってもよいでしょう。

　このような山地と海の状況であれば山地を刻む河川が大量の砂礫を運んだとしても幅狭い海岸平野をつくるのが精一杯です。なぜならば，運んできた大量の砂礫で海を埋め立てて海岸平野をつくろうとしても，その先端は外洋性の強い沿岸流によってたちまち削られ，平滑な海岸となってしまいます。一方伊豆半島は全体が火山性の山地のため，それを刻む中小河川しかありません。その結果，海岸平野はほとんどできずにリアス式海岸となっているのです。ただ，天城山から北流するやや大きい狩野川の下流に，山地に囲まれた三角州性の田方平野が広がっています。

　急峻な山地は初めからあったわけではありません。おそらく100万年くらい

前の第四紀中頃から隆起しはじめ，今なお隆起を続けています。その結果，中緯度太平洋に張り出している静岡県の位置から見ても多雨地域となることが当然予想されます。隆起を続けているこのような山地を侵食する河川は当然急流となります。そして山地を侵食して多量の砂礫を下流に運びます。静岡県に源流をもつ安倍川と大井川をはじめ，山梨県からの富士川，長野県からの天竜川はいずれも日本の代表的な急流河川です。そして下流では山地を出るとすぐに海に出ることになり，そこに三角州性の扇状地をつくります。扇状地性三角州といってもよいでしょう。それは位置としては山地を出たところなので扇状地ですが，海岸

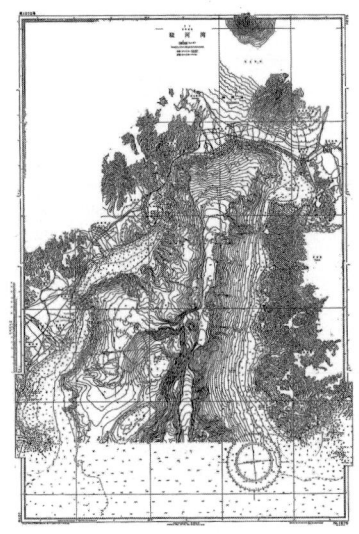

図 I-3 駿河湾の海底地形（50 m ごとの等深線で示す）
（海上保安庁水路部，1977，1980に加筆，土，1984）

という点から見れば三角州です。そして，表面傾斜はやや緩いのですが，粗粒の砂礫が河口まで運ばれ，それによってできた扇状地が海岸平野の大部分を占めています。安倍川では扇頂の標高 28 m，平均傾斜 5.1/1000，大井川では扇頂の標高 70 m，平均傾斜 4.4/1000 となっていて普通の扇状地に比較すると緩やかです。一般に河川は上流の山地を出ると，扇状地をつくって平野をしばらく流れる中流部となり，海に出る下流で三角州をつくるのが通常の姿ですが，静岡県の四大河川は上流と下流があって中流部のない河川のようなものです。扇状地を流れる河川の流路は一定ではありません。扇状に首を振りながら氾濫を繰り返して流路をたびたび変え，まんべんなく流れて扇状地を成長させる荒れ川がその本来の姿です。このような静岡県の河川を"東海道式河川"と呼んでいます。（**図 I-4**，**図 I-5**，**図 I-6**）。これらの河川のうち，安倍川は糸魚川 – 静岡構造線とそれに並行する十枚山構造線に沿って直線的に流れ，大井川は赤石山地全体の斜面に沿って南東流しようとしますが，地層がいずれも北

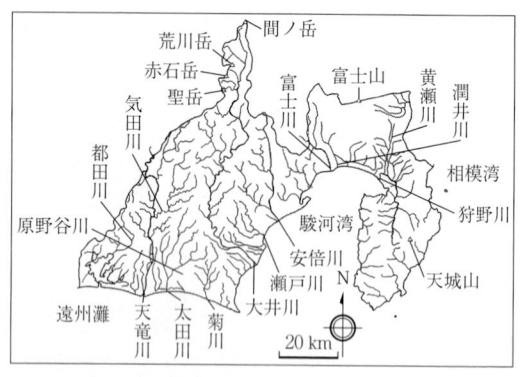

図 I-4 静岡県の河川

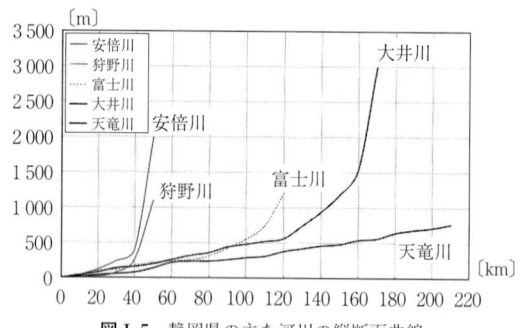

図 I-5 静岡県の主な河川の縦断面曲線

東 - 南西の構造をしているため、たびたび"はめ込み蛇行"（穿入蛇行）をして曲流します。このうち、中下流の"鵜山の七曲がり"は展望台からもよく眺めることができ、静岡県の天然記念物に指定されています。

赤石山地からその前山にかけて接峰面図をつくってみると、海抜2400 m、2000 m、1200 m、800 mというあたりに比較的平坦な部分が目立ち、階段状の地形をつくってしだいに低くなっていくように見えます。これがヨーロッパで古くから知られるものと同じとされ"赤石山地の山麓階"といわれたものです。後に述べる静岡の東にある日本平（307 m）に登って赤石山地の方角を眺めるとこのような階段状の地形が実際によく見えます。この山麓階の階段状地形は、海岸地域に見られる第四紀波曲運動と同じものが背後の山地まで及んで

図 I-6 大井川の三角州性扇状地平野
（2 m ごとの等高線で示す）

図 I-7 日本平から眺めた赤石山地の山麓階

いることを示すものと思われます（図 I-7）。

2. 地質の特徴

　西南日本を縦断する中央構造線は，諏訪湖の東方から静岡県水窪町まで南南西に延び，そこからやや南西に向きを変えて渥美半島の北縁をかすめ，紀伊半島を西南西に横切ります。中央構造線より南側の地帯は北側の内帯に対し外帯と呼ばれます。静岡県では中央構造線が北西縁を横切り，内帯としては領家帯の一部が分布するにすぎません。外帯の地質の特徴は中・古生代から古第三紀までの地層が帯状に分布することであり，北から三波川・御荷鉾帯，秩父帯，四万十帯がそれぞれ中央構造線にほぼ平行に配列しています。ただ，中央構造線が向きをやや南西に変えるあたりから南へ，赤石裂線（構造線）とそれに並行する光明断層が延びて帯状構造を部分的にずらしています。このほか，日本を横断する大断層の糸魚川 - 静岡構造線がフォッサマグナの西縁として県中部を南北に走っています（図 I-8）。

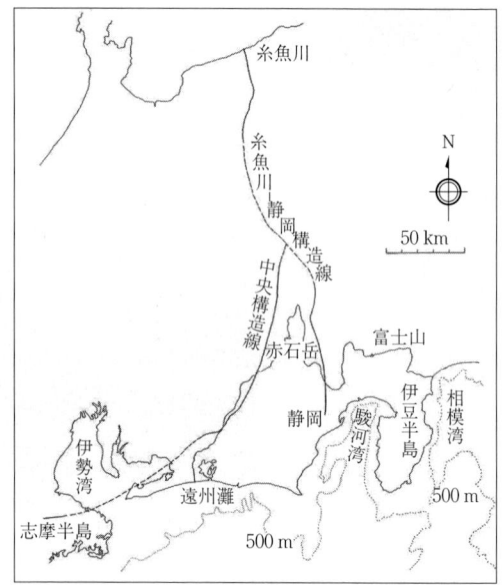

図 I-8 中央構造線，糸魚川-静岡地質構造線と静岡県

　静岡県の地質構造は地形にもよくあらわれています。また，静岡県の地層は，新しい年代の地層と古い年代の地層に大きく分けることができます。新しい年代とは第四紀（現在から258万年前まで）と新第三紀（258万年前～2400万年前）を指し，古い年代は古第三紀以前を指します。第四紀の地層は沖積平野と河岸・海岸段丘（洪積台地）や丘陵をつくり，新第三紀の地層は海岸近くの低い山地をつくります。一方，古第三紀，中・古生代の地層はより奥の高い山地をつくっています。地層の高さも新第三紀以降と古第三紀以前で大きく異なります。静岡県の地質図と代表的な地層の年代を**図 I-9**および**図 I-10**に表してあります。

　中西部を占める山地の大部分は古い年代の地層からできています。それらの地層は赤石山脈と同じ北東－南西方向の構造を示し，北西側から南東側へ中・古生代，古第三紀というように，古い年代から新しい年代に向かって帯状に配列し，もっとも南東側の海岸近くに新第三紀の地層（新第三系）が分布しています。地層はいずれも褶曲していますが，特に古い年代の地層はやぐら屏風を

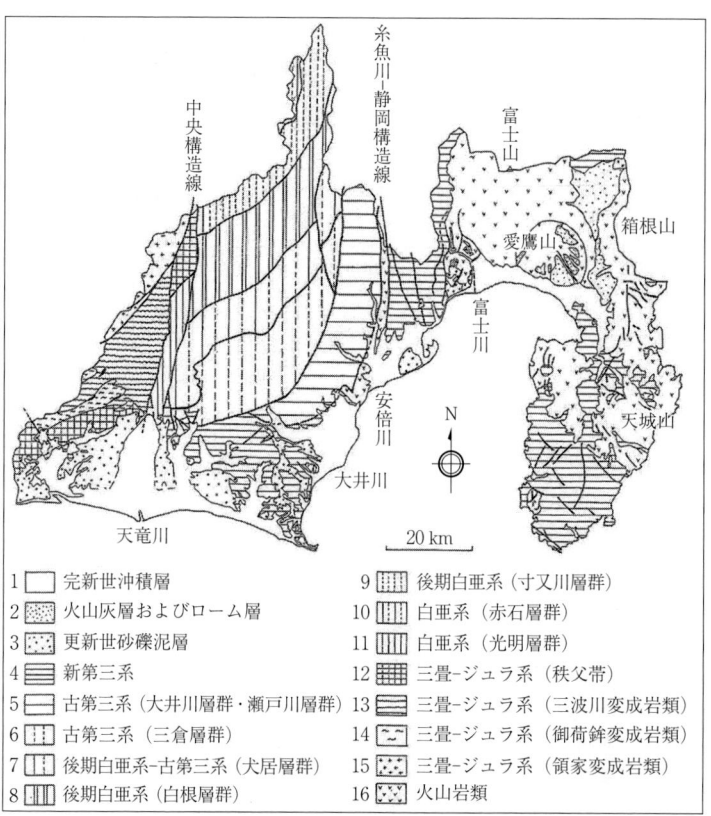

図 I-9 静岡県の地質図（土, 2001）

1 完新世沖積層
2 火山灰層およびローム層
3 更新世砂礫泥層
4 新第三系
5 古第三系（大井川層群・瀬戸川層群）
6 古第三系（三倉層群）
7 後期白亜系-古第三系（犬居層群）
8 後期白亜系（白根層群）
9 後期白亜系（寸又川層群）
10 白亜系（赤石層群）
11 白亜系（光明層群）
12 三畳-ジュラ系（秩父帯）
13 三畳-ジュラ系（三波川変成岩類）
14 三畳-ジュラ系（御荷鉾変成岩類）
15 三畳-ジュラ系（領家変成岩類）
16 火山岩類

折りたたんだように強く褶曲し，しかも地層群の境目には大規模な衝状断層（逆断層）が走っています。これは新しい地層がつぎつぎと南東から北西に押されながら褶曲し，さらに古い地層の下に押し込まれるようにつけ加わったと考えればよいと思います。

海岸に近い掛川－御前崎付近の新第三系は緩やかに褶曲していますが，静岡の北方，糸魚川－静岡構造線以東は南部フォッサマグナと呼ばれ，新第三系はそこにも広く分布します。しかし，それらは若い地質時代であるにもかかわらず地層は強く圧縮されて褶曲しています。そして南北性の衝上断層群も並行

8　I．静岡県の地形と地質

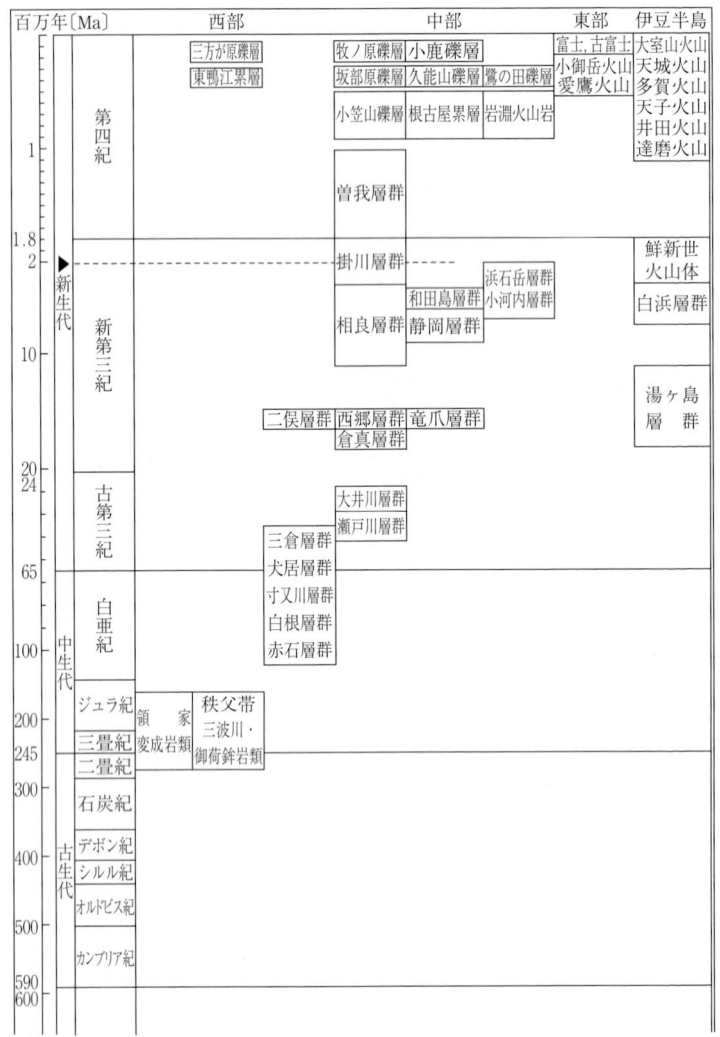

▶------は 2.588 Ma で 2009 年 6 月に IUGS（国際地質学連合）により，新しく定義された第四紀の基底の年代で Gelasian を含む。

図 I-10　静岡県の主な地層とその地質年代

2. 地質の特徴　9

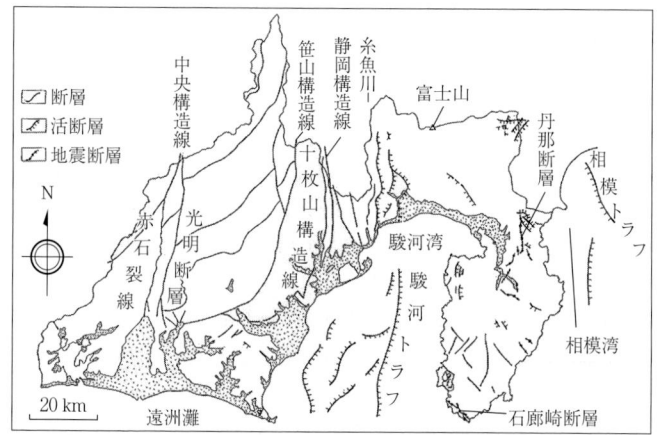

図 I-11 静岡県の断層, 活断層と地震断層

します。これも地層が南東からの力によって押され, 強く褶曲し, 新しい地層が古い地層の下に押し込まれるようにして, 北へずれながらつぎつぎと衝上断層をつくったと考えればよいでしょう。そして, 東側により若い地層が分布していますが, 断層の活動も東側がより新しく, 富士川下流付近の断層が最も新しい年代に活動しており, そこには活断層も見られます（**図 I-11**）。このように見てくると南部フォッサマグナでは糸魚川－静岡構造線の南部の活動が新しい年代とともにしだいに東へ移ってきているようにも考えられます。

東部の火山　東部には富士山, 愛鷹山, 箱根山などの火山, 伊豆半島には天城山ほかの多くの火山が分布します。これらの火山は富士火山帯, あるいは東日本火山帯に属し, 太平洋プレートの沈込み帯に並行して配列する火山群です（**図 I-12**）。富士山は約1万年前にほぼ現在の形ができあがった若

図 I-12　富士火山帯, 東日本火山帯と海溝・トラフ

い火山ですが,陸地の火山であるにもかかわらず本州では唯一の玄武岩による成層火山となっています。そして,駿河トラフと相模トラフの延長上の頂点ともいうべき特異なところに位置しています。このように見てくると,富士山の形成は伊豆半島の本州への衝突とも関係がありそうです。一方,愛鷹山は約40万年前,箱根山はそれと同じかやや古い火山だと考えられます。これらの火山の裾野には山麓斜面の名残が見られますが,それによってもおよその年代がわかります。火山は新第三紀以前にも当然ありましたが,一般に山地は,100万年くらい経過すると本来の形が侵食のため失われてしまいます。

伊豆半島 伊豆半島には火山の下に新第三紀の海成層が広く分布します。その中には凝灰岩,火山角礫岩といった火山物質を多く含み,いわば海底火山活動の堆積物で,伊豆半島の地域は新第三紀以来海底で,そしてやがて陸上で火山活動を続けてきたのです。伊豆半島の地質は中西部とは異なり,ほとんど褶曲していません。これは,基盤がきわめて堅硬のためと思われます。しかし,南北性および北西-南東性の断層や活断層で切られています。伊豆半島の場合は,南南東から押された力による地層のずれと,押されて褶曲せずに,かまぼこ状に曲隆してできた割れ目が断層や活断層として現れていると思われます。(**図 I-13**)。

海岸平野と段丘群 海岸には第四紀の地層(第四系)でつくられた段丘群と沖積平野が分布します。段丘には河岸(河成)段丘と海岸(海成)段丘がありますが,西部のように広く分布すると台地状に見えるので「洪積台地」と呼んだりします。その広がりも東では狭いのですが西へ向かって広くなります。洪積台地は日本平,牧ノ原,磐田原,三方原などの中位段丘群で代表されます。表層部が扇状地性礫層でできていることからわかるように,これらは過

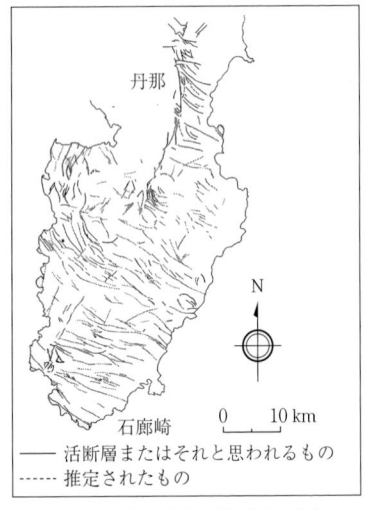

図 I-13 伊豆半島の活断層の分布
(村井・金子,1976に加筆)

去の海岸平野の一部なのです。

　氷河時代には氷期と間氷期が繰り返し，それに伴って海面も昇降を繰り返しました。最後の間氷期の高海面の時期が今から約12万年前，そのときの海岸平野の名残がそれらの台地の表面です。礫層以外の部分はその後の侵食で失われてしまいました。より前の間氷期のものは高位段丘の坂部原，天伯原，小笠山などで，一段高く，しかも台地面は大きく開折されて現在では丘陵に近い状況です。しかし，遠くから眺めれば表面は平坦に見えます。前二者は約30万年前，後者は約50万年前の沖積平野の名残と考えてよいでしょう。

　海岸平野はいずれも海岸に沿って狭く分布します。東海道式河川の下流には扇状地性平野が広がります。田方平野を除き，代表的な平野の主要部分はすべてそうです。その末端の海岸から横方向へは砂浜や礫浜が延びています。こうしてできた砂州の内側には後氷期の海面上昇で入り江がつくられ，やがてそれらは中小河川によって静かに埋め立てられ，泥や砂泥からできた湿地帯や低平な平野となりました。今はほとんど見られなくなりましたが，富士川下流東方の浮島沼などがそうです。また，扇状地を流れる大河川の勢力が及ばないところや，山蔭にも泥や砂泥の湿地や低地ができました。安倍川が流れる静岡扇状地の北方にある浅畑低地，大井川下流の焼津周辺の平野，袋井・菊川周辺の平野などがそれです。中小河川と，沈降性の地域であったため，埋積されずに入り江として残ったのが浜名湖です。このためか，湖奥部の水深が10〜12mと最も深いのです。こうして現在の海岸平野ができあがりました（**図I-14，図I-15**）。このほか，三保分岐砂嘴は縄文時代前後の海面上昇に伴って，日本平南側の海食と安倍川河口からの砂礫の供給によって形成されましたし，先端部に淡水池の見られる伊豆大瀬崎の砂礫嘴もほぼ同じ頃に形成されたと思われます。

　西南西の風が卓越する静岡県では遠州灘の沿岸や駿河湾の北岸に砂丘が発達しました。風が強くて，しかも砂の供給があれば砂丘はできます。これら砂丘の砂の供給源の大部分は三角州性扇状地末端の海岸砂で，一部は渥美半島をつくる砂層が海食によって削られた砂です。御前崎町白羽の砂丘間に見られる"三稜石"は古くから知られています。

12　Ⅰ．静岡県の地形と地質

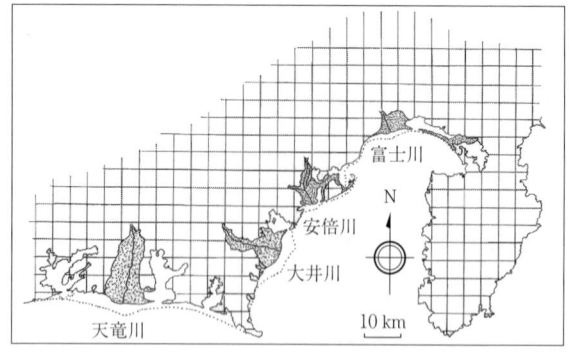

図 I-14　約 6 000 年前の高海面期（縄文時代前期）の静岡県の海岸（点線は現在の海岸線）

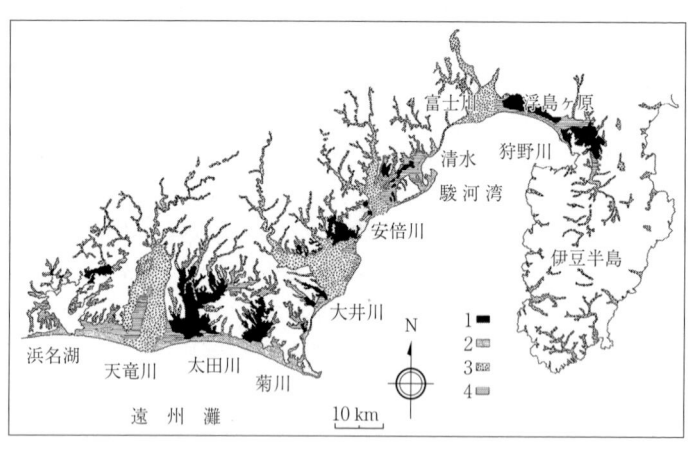

図 I-15　静岡県の海岸平野表層部の地質（表層 5 m をつくっている主な地層で示す）1．泥層　2．砂層　3．礫層　4．砂泥礫互層

引用・参考文献

1. 土　隆一（1984）：駿河湾周辺の新第三系・第四系の構造とネオテクトニクス，第四紀研究，**23**（2），pp.155-164
2. 土　隆一編（2001）：静岡県の地形と地質－静岡県地質図 20 万分の 1（2001 年改訂版）説明書－，内外地図

（土　隆一）

II. 静岡県の地学めぐり

A. 伊豆半島

　日本列島のほぼ中央から太平洋へ向かって約50 kmも突き出した伊豆半島は，伊豆諸島と同じように黒潮の影響を受けています。北上する黒潮に囲まれて温暖な気候となり，南伊豆や石廊崎周辺には無霜地帯が分布しています。冬季の平均気温は県下で最も高く，雨量も年3 000 mmに達するほどで，亜熱帯植物が生育しています。伊豆半島の最高峰は天城山系の万三郎岳（1 405 m）で，その周辺に中小起伏の山地が広がります。大きな河川は天城山から沼津へ北上して流れる狩野川が最大で，大きな沖積平野は田方平野のみです。分水嶺から海までの距離が短く急流なのが伊豆の河川の特徴といえます。

　伊豆半島の地質は新第三紀中新世の海底火山噴火物を主とする湯ヶ島層群と白浜層群が基盤となり，その上に陸上で活動した達磨火山，天城火山，多賀火山，宇佐美火山など更新世の複成火山がのっています。さらに完新世に活動した遠笠山，伊豆大室山，矢筈山，岩ノ山などの単成火山群が天城山周辺から北西にかけて分布します（**図A-1**）。1989年（平成元年）に伊東沖で噴火した手石海丘が伊豆で最も新しい火山です。

　湯ヶ島層群の年代は岩石や浮遊性微化石などから初期中新世（約2 000〜1 600万年前），白浜層群はそれより新しい中期中新世〜鮮新世（約1 100〜350万年前）に相当します。湯ヶ島層群は主に狩野川，河津川，仁科川などの河川に侵食された地形に沿って半島の各地に分布し，白浜層群は主に半島南部に広がります。

　湯ヶ島温泉の持越川や仁科川中流の川底に露出する緑色の凝灰岩は，典型的な湯ヶ島層群の岩石で，仁科川支流の一色川で見られる枕状溶岩の地層が最下層です。石廊崎の凝灰角礫岩，堂ヶ島をつくる白色砂質凝灰岩，下田市白浜，柿崎の斜交層理の発達する白色の凝灰質石灰質砂岩などは代表的な白浜層群の岩石です。また，新しい火山の噴出物や溶岩は伊東市城ヶ崎海岸でよく見ることができます。単成火山の溶岩流が川に流れ込むと滝をつくることがよく見ら

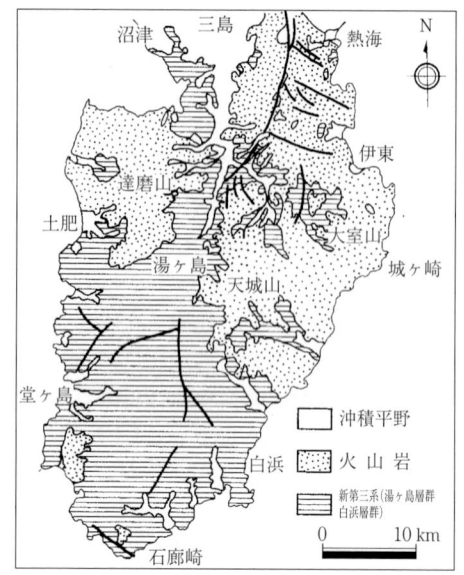

図 A-1 伊豆半島の地質図

れ，浄蓮の滝，河津七滝などが観察されます。

　このように，伊豆半島は火山活動によってつくられた地層や岩石が大部分で，深い海での海底噴火，浅い海での火山噴火が古くから続いてきた様子をよく示しています。また，伊豆半島には大河川によって陸地から運ばれてきた礫や砂泥による厚い地層は見られず，富士川や大井川の周辺地域の地層とは大きく異なります。

　伊豆半島に産する大型有孔虫化石レピドサイクリナの進化や古地磁気などの最近の研究から，湯ヶ島層群の時代の伊豆半島は現在の位置から1 500 kmも南方にあり，フィリピン海プレートという岩盤にのって徐々に北上し，白浜層群堆積後に日本列島に衝突して半島になったと考えられるようになりました。枕状溶岩の見られる湯ヶ島層群の最下部は深海で，貝化石が多く見られる白浜層群の地層は浅海でできたと考えられ，伊豆半島は北上しながら大きな地殻変動を受けたことがわかっています。

　伊豆半島をのせているフィリピン海プレートは年に数cmの割合で日本列島

の下に沈み込んでいます。伊豆半島はつねにその力で押されるため，断層や地震が発生しやすくなっています。1930年（昭和5年）には丹那断層の活動で北伊豆地震が，1974年（昭和49年）には石廊崎断層の活動で伊豆半島沖地震が発生して，大災害につながった例もあります。

火山活動は災害ばかりでなく，熱水による金銀鉱床や温泉の供給，伊豆石産出など人間生活に恵みをもたらすこともあり，美しい景観も変化の産物です。

変化に富む伊豆半島の地学をいくつか観察することにしましょう。

1. 伊豆城ヶ崎海岸―黒潮に洗われた溶岩地形―

伊東市の富戸から八幡野にかけての約9kmの海岸線は，のこぎりの刃のような出入りの激しい地形を示し，城ヶ崎海岸と呼ばれています。地名の由来は，この地が伊豆半島の最高峰「天城山」の先にあたることから，土地の人が名付けたといわれています（**図 A-2**）。

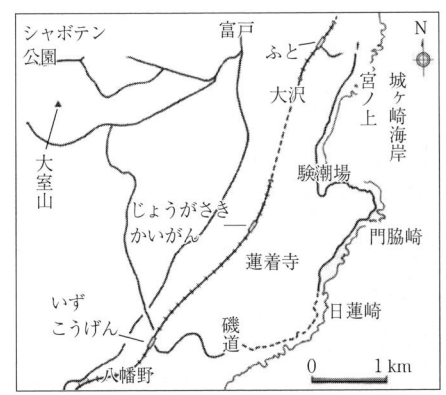

図 A-2 城ヶ崎海岸沿いのルート図

城ヶ崎海岸は，その西方2kmにそびえる標高580mの伊豆半島最大の単成火山である大室山から，約4000年前に流出した溶岩流が海岸に流れ込んでできた地形で，火山活動の激しさを感じさせる火山弾混じりの溶岩流や，海水で急冷されてひび割れた自破砕溶岩などが観察されます。

北部の約3kmを「ピクニカルコース」，南部の約6kmを「自然研究路」と

16　II. 静岡県の地学めぐり

呼び，起伏のある散策路となっています。海岸一帯は国立公園でタブやヤブニッケイなどの照葉樹林に囲まれ，歩き始めると松風と潮騒のみの別世界となりエメラルド色の海が楽しめます。オオキンカメムシなど南方系の昆虫も生息し自然観察の適地となっていますが，紀州藩のぼら納屋，砲台跡，江戸城の石切り場，海洋公園，蓮着寺など歴史的なみどころも多く，年間を通して多くの人が訪れる観光地となっています。岬からは伊豆大島をはじめ伊豆七島が展望できます。遊歩道を外れると自然のままの溶岩地形なので，慎重に歩を進めゆっくり観察しましょう（**図A-3**）。

〔**みどころ**〕　大室山から流れた，かんらん石安山岩溶岩，溶岩トンネル，柱状節理，火山弾を含む火山角礫岩，水冷自破砕溶岩，ポットホール，捕獲石英結晶

〔**交通**〕　伊豆急行城ヶ崎海岸駅下車，ここから「ぼら納屋」を経由して伊豆高原駅まで歩きます（約10 km）。「ぼら納屋」に近い「城ヶ崎海岸入口」，「城ヶ崎駅前」，「海洋公園駐車場」，「伊豆高原駅」とJR伊東駅との間にはそれぞれバスの便があります。

〔**地形図**〕　5万分の1「伊東」

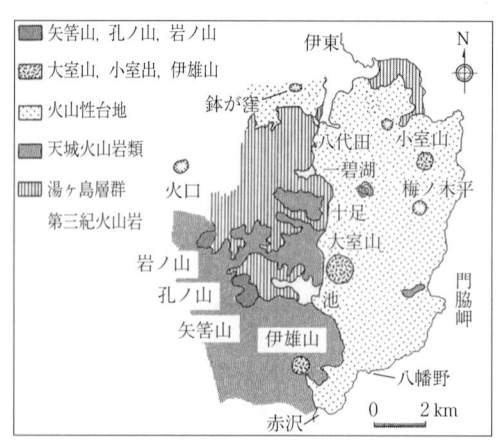

図A-3　城ヶ崎海岸付近の地質図
（黒田：1972による）

1-1　大室山火山の溶岩

伊東市は大室山，小室山，高室山，城星，地久保など，数万年から数千年前に活動した「東伊豆単成火山群」の中心地となっていて，スコリア丘と溶岩地

形が密集しています。大室山の溶岩はスコリア丘の横にある「岩室山」から大量に流出し、東流した溶岩が城ヶ崎海岸を形成しました（**図A-4**）。大室山溶岩はかんらん石の黄色い結晶が目立つ「かんらん石安山岩」で組成上は安山岩ですが、外見は玄武岩に見えます。いがいが根などにある風化の進んだ岩石の表面には特にかんらん石の結晶が目立ちます。また、大室山溶岩には大粒の石英結晶

図A-4 大室山溶岩流の外観

が目立ち、ゴマ粒のように黒色の雲母が確認できます。この石英結晶は大室山火山のマグマが上昇してくる過程で地下に存在する「花こう岩」を取り込み、再び結晶したものだと考えられています。

1-2 ピクニカルコース—門脇崎の溶岩トンネル「ふながた」—

伊豆急行を城ヶ崎海岸駅で下車して県道川奈‐八幡野線を北へ進み、ぼら納屋からピクニカルコースを南へ進みます。「まえかど」からは北方の地形が展望でき、大室山溶岩が城ヶ崎海岸より1km北側に分かれて流れ下って形成した「溶岩扇状地」を利用して家屋が建てられているのがよくわかります。「かどかけ」の岬の付け根には崩れ残った溶岩トンネルがあり、門脇灯台の手前に完全に崩れて大きな入り江となったのが「ふながた」です（**図A-5**）。「ふながた」にかけられた長さ48m、高さ23mの門脇つり橋は、灯台と合わせて城ヶ崎一の観光名所となっています。「穴口」は溶岩トンネルの天井の一部が崩落したもので、「しんのり」を過ぎると眼下に「潮だまり」が見えてきます。この付近には江戸時代の石

図A-5 門脇崎の溶岩トンネル「ふながた」

切り場があり、浜辺には取り残された築城石があります。海洋公園はピクニカルコースの終点となりますが、園内のプールサイドに「水冷自破砕溶岩」が見られます。

1-3　自然研究路—かんのん浜ポットホールとはしだて柱状節理—

蓮着寺から南へ約6kmの自然研究路が始まります。灯明台の先端から海をのぞくと、鎌倉幕府によって日蓮聖人が置き去りにされたという俎岩が眼下に見えます。かんのん浜の突端の水辺には直径約70cmの完全球体の礫を挟んだ伊東市指定の天然記念物「かんのん浜ポットホール」があり、現在でも波によって突き動かされているのが観察できます（**図A-6**）。

図A-6　かんのん浜にある球体の残るポットホール

いがいが根には粘性が高い溶岩（アア溶岩）がつくる表面がトゲトゲにとがって見える独特の地形がよく見え、流動性を示す溶岩じわも見られます。大きな入り江のすぐ南側には「蜂の巣状」に風化した岩があり、かんらん石の観察に便利です。

距離の長い自然研究路は観察ポイントも多く、「さいつな」「こさいつな」「かさご根」では城壁のように長く続く柱状節理が美しく、「おおばい」「こばい」「はしだて」では柱状節理が折れた断面が亀甲紋様（六方石）となって広がります（**図A-7**、**図A-8**）。また、自然の懸け橋「はしがかり」や「せい

図A-7　美しい景観の「おおばい」「こばい」

図A-8　「はしだて」の潮だまり大淀・小淀と柱状節理（亀甲紋様）

じゃあな」は溶岩トンネルの名残です。時間が許し，アドベンチャーのできる人は「てんまじり」や「あかねの浜」「かさご根」などに立ち寄って，大雨・大波の後に見られる溶岩トンネルプールやコンパス（方位磁石）による磁鉄鉱観察などに挑戦することができます。あかねの浜では 2007 年 9 月の台風によって「ばったり」にポッカリと空いたばかりの「天窓(てんまど)」がのぞけます。

「はしだて」には大淀・小淀と呼ばれる潮だまりがあり，満潮のときに海水とともに入り込んだ小魚が生息しています。黒潮の流れにのって南方からきたソラススズメダイやチョウチョウウオ，サンゴなども見られます。大淀・小淀から見た「はしだて」のつり橋の景観は，海上にかかる門脇つり橋とは対照的で，橋下に海水がない，おとなしく静かなたたずまいを見せています。

つり橋を渡ると自然研究路も終わり，道は八幡港へと続きますが，対島川まで戻って川辺の道を川上に向かうと，伊豆高原駅への最短コースになります。

2. 白浜層群の地層と貝化石

熱海や伊東では褐色に見える海岸の砂が，河津から南に進むにつれて白っぽい砂に変化します。白浜海岸ではその名のとおり白い砂浜となり，周辺の露頭では貝化石が観察されます。伊豆半島南部に広く分布する白浜層群が露出しているからです。白浜層群は伊豆半島では湯ヶ島層群に次ぐ古い地層で，およそ 1000 万年前頃に南方の浅い海で活動した海底火山噴火の堆積物から成り立っています。板戸から白浜海岸までの浜辺を歩き，白浜層群が生成した時代の環

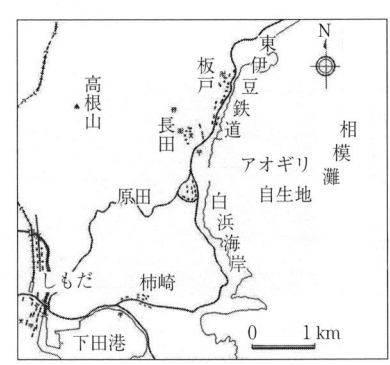

図 A-9 板戸から白浜海岸までのルート図

20　Ⅱ．静岡県の地学めぐり

境を観察してみましょう（**図A-9**）。

〔**みどころ**〕　白浜層群原田層の地層，貝化石，有孔虫化石，斜交層理（クロスラミナ），イシゴロモ，波食段丘など

〔**交通**〕　伊豆急下田駅より定期バスを利用し，板戸で下車。板戸から海岸線を白浜海岸の崎までの約2.5 kmを観察しながら徒歩で南下します。

〔**地形図**〕　5万分の1「下田」

2-1　板戸海岸の貝化石

国道から板戸の海岸に降り，波打ち際の露頭を観察します。凝灰質石灰質砂岩層の中にはウニの殻やとげ，サンゴの破片や貝殻の破片が多く見られます（**図A-10**）。これらの状況は南方の浅い海で火山活動が盛んだった環境を示唆しています。

この付近の層序は下位の凝灰角礫岩層から貝化石を含む凝灰質砂岩層，最上

図A-10　板戸の貝化石を含む凝灰質砂岩の露頭

図A-11　白浜層群から産出する貝化石（ナミウチツキヒガイ）

図A-12　貝化石の破片

図A-13　長田の海岸露頭で見られる斜交層理

位の斜交層理の見られる凝灰質砂岩層へと続いています。斜交層理（偽層）は波や海流によって移動した砂粒が流れの方向に傾斜して堆積することによってできるもので，水流の激しさをうかがわせます。イズホタテガイ，ナミウチツキヒガイ，ヒヨクガイなど，すべて暖流系の外海にすむ種類の貝が多く見られることから，このあたりは外洋に面した 20 ～ 50 m の水深をもつ浅海だったと推定されます（**図 A-11**，**図 A-12**，**図 A-13**）。

2-2　白浜神社付近の露頭と白浜海岸

白浜神社の周辺には凝灰質石灰質砂岩の大きな露頭があり，サンゴ，ウニのトゲ，フジツボなどの化石が見られます。また，砂粒をルーペで拡大してみると，有孔虫化石も見ることができます（**図 A-14**）。

鳥居の立っている標高約 8 m の平坦な地形は波食台で，その高さから縄文時代前期の高海面期（約 6 000 年前）に形成されたものと考えられています。白浜海岸の石灰質の白砂の中には石英や水晶の破片も混在しています。また，大波で打ち上げられる海岸礫の表面に石灰藻が成長していく面白い現象が見られ，イシゴロモと呼ばれています（**図 A-15**）。

図 A-14　白浜神社裏の波食段丘

図 A-15　イシゴロモ（白線は 5 cm）

白浜海岸は石灰質の砂粒に石英が混じる，まさに白砂の美しい海岸で，夏は海水浴客でにぎわいます。川の流入地点付近を除けば白砂が厚く堆積し，エメラルド色の海にサーファーが集う南国風の海辺ですが，じつは厳しい気象条件に海岸は左右されています。一つは強風です。特に北よりの季節風は乾いた表面の砂を大量に移動させるため，砂止めの柵が設けられています。もう一つは台風の接近による大波の影響です。砂を移動させるだけでなく，川が流し込んだ礫を浜辺に打ち上げるため，白浜海岸がごろた石海岸に豹変するのです

図 A-16 台風後，礫が打ち上げられた海水浴場

図 A-17 砂浜再生工事後の海水浴場

（**図 A-16**）。2008 年には 2 度も白砂がなくなり，砂浜再生工事が行われています（**図 A-17**）。

白浜層群原田層の地質年代は浮遊性有孔虫化石によって明らかにされています。浮遊性有孔虫は浮遊生活をしていて広い地域の比較ができるため，国際的な対比の基準に使われます。白浜周辺で見られる地層は約 300 万年前頃の鮮新世中頃のものと考えられています。

3. 下田から須崎半島へ

下田湾の東に位置する須崎半島は須崎御用邸も所在するなど，照葉樹林の茂る地学的にも動植物学的にも変化に富んだ自然豊かな半島です。半島の付け根にある三島神社では斜交層理が，柿崎弁天島では生痕化石が観察でき，爪木崎までの約 4 km のコースには海岸段丘が形成されています。爪木崎では美しい柱状節理と熱水作用によって供給された石英脈があり，小粒ながらきれいな水晶が多く見られます。また伊豆石の採石場跡があり，緑色凝灰岩の断面が露出しています（**図 A-18**，**図 A-19**）。

〔**みどころ**〕 三島神社境内の斜交層理，柿崎弁天島の生痕化石・貝化石，須崎半島の海岸段丘，爪木崎の柱状節理・鉱物結晶と緑色凝灰岩

〔**交通**〕 伊豆急下田駅から約 5 km の行程を徒歩で移動します。

〔**地形図**〕 5 万分の 1「下田」・「神子元島」

A. 伊豆半島　23

図 A-18　下田からの爪木崎までのルート図

図 A-19　三島神社の白浜層群の斜交層理

3-1　下田から柿崎へ

　下田駅から東方に向かい，須崎半島まで歩きます。半島の付け根にある三島神社の境内にある大露頭を観察します。この露頭には平行に続く地層が途中で斜めに削られ，その上にまた平行な地層が堆積している部分が多く見られます。このような構造を斜交層理といい，須崎周辺の白浜層群には斜交層理が多いのが特徴の一つです。斜交層理は三角州や河川の堆積物中によく見られるものですが，ここでは流れの速い海流に削られてできたと考えられています。この斜交層理は県指定文化財です。

　海岸に出て弁天島に渡ります。海側の侵食された崖には斜交層理が見られ，層理面には生物が這ったようなでこぼこの模様が見られます。この模様は環虫の巣穴と這った跡が地層に残されたもので，生物の生活の様子を示す広い意味の化石で生痕化石といいます。

図 A-20　柿崎弁天島

図 A-21　弁天島で見られる斜交層理

図 A-22　弁天島で見られる生痕化石

柿崎弁天島は幕末に吉田松陰が海外渡航をするために潜んだ場所ともいわれ，史跡としても有名です（**図 A-20**，**図 A-21**，**図 A-22**）。

3-2　須崎港恵比須島

須崎港の南にある恵比須島には橋がわたされていて，島を周遊する遊歩道があります。島を一周すると白色の凝灰質砂岩層と黒色や茶褐色の火山角礫岩層が交互に重なり，北西に約20°傾いて分布していることがわかります。

島の南側から西側にかけて厚く堆積している黄灰色の砂岩層には，淡黄色の軽石や薄い白色のシルト層が挟まっている場所もあります。この砂岩層の続きは広く下賀茂地域に分布していることから，下賀茂砂岩層と呼ばれています。外海に面した南東側は軟らかい砂岩層のため荒波による侵食が進行中で，干潮時には海食台の広がりが千畳敷となって姿を見せます。

島の南側から東側にかけては砂岩層にのるように径 10 〜 20 cm 以上の火山角礫岩が厚く分布しています。礫層の中には 1 〜 2 m を越える角礫も含まれていて，砂が堆積するような静かな浅い海岸付近で激しい火山活動があったことが想像されます。安山岩質の角礫岩層は須崎安山岩類と呼ばれ，沖へ向かって続いています。

恵比須島の頂上は標高 20 m の海岸段丘になっていて，縄文時代の古代祭祀遺跡が発見されています（**図 A-23**）。

図 A-23　恵比須島の波食

3-3 細間の段から爪木崎へ

　須崎港から須崎遊歩道を登って爪木崎へ向かいます。坂を登りきって平坦地を進み下っていくと細間の段に出ます。このコース随一の展望地で眼前に並ぶ伊豆大島をはじめとする伊豆七島の島々，左手に爪木崎，右手に恵比須島や石廊崎が一望できます。途中，海食台に広がる石切り場跡を見ながら先へ進むと，熱水によって変質を受けた緑色がかった砂岩層が多くなり，一部緑泥石などに変化します。日本大学の下田臨海実験所のすぐ先を海岸に下ると緑色凝灰岩の大露頭が展開します。石英脈が縦横に走り，大きな空洞には透明な水晶の結晶が無数に散りばめられています。ここでも石切り場跡が見られます。海岸に沿って進むと俵磯に到着します。俵磯から爪木崎の先端にかけての磯全体は六角形の安山岩の石柱が壁のように連続し，柱状節理の殿堂が展開します。この柱状節理は約 500 万年前頃に地表近くまで上昇したマグマが地下で固まり，隆起して地表に現れたものです。柱状節理は水仙の群落とともに爪木崎の優れた景観を見せていて，県の天然記念物に指定されています（図 A-24）。灯台から浜辺を西へと進むと海岸段丘の斜面に水仙の群落が続き，白砂の湾は南国を思わせます。この湾でも白浜で見られる「イシゴロモ」が観察できます。爪木崎から下田までは駐車場から定期バスの便があります。

図 A-24　爪木崎の柱状節理

4. 石廊崎から弓ヶ浜海岸へ

　伊豆半島最南端の石廊崎周辺は，黒潮の中に点々と列をなして並ぶ伊豆七島と変わらない環境にあります。温暖ながら強風が吹きつけて大波が発生するため海流とともに海岸の侵食を早め，荒々しく勇壮な地形を展開させています。

　またフィリピン海プレートの移動による地殻変動による地震や断層活動も活発で，地形の大きな変化が見られます。伊豆最南端の石廊崎から青野川河口の弓ヶ浜までを海岸にそって東進し，変化の激しい海食地形を観察しましょう（図 A-25，図 A-26）。

26　Ⅱ．静岡県の地学めぐり

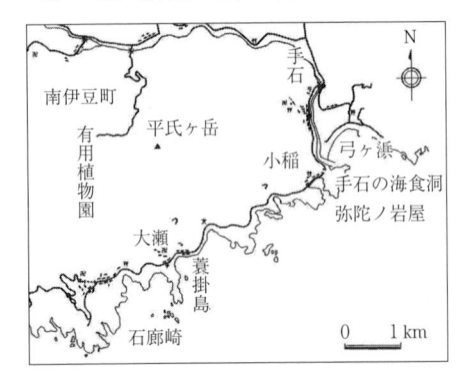

図 A-25 石廊崎から弓ヶ浜までのルート図

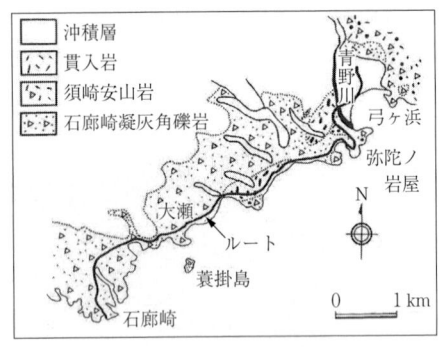

図 A-26 石廊崎から弓ヶ浜までのルート沿いの地質図（地質調査所発行：神子元島図幅による）

〔みどころ〕　石廊崎先端の石廊崎断層，波食台，海食洞，蓑掛島，手石の海食洞「弥陀ノ岩屋」

〔交通〕　伊豆急下田駅より石廊崎まで定期バスを利用します。石廊崎～石廊崎灯台間は徒歩で往復し，弓ヶ浜までの約8kmを歩きながら観察します。

〔地形図〕　5万分の1「神子元島」

4-1　石廊崎周辺

　石廊崎への近道として以前はジャングルパークという熱帯植物園への入り口を利用していましたが，現在は施設が閉鎖されているため，長津呂港から徒歩で進みます。港から標高約50mの平坦地まで一度登り，植物園の横の道を下って行くと約30分ほどで石廊崎灯台に到着します（**図 A-27**）。

A. 伊豆半島　27

　石廊崎周辺はすべて石廊崎安山岩類と呼ばれる新第三紀の白浜層群に属する火山角礫岩からできていて、歩く途中にもいくつもの露頭があります。石廊崎灯台を下っていくと、昔荒波がくり貫いたほこらの中に古い歴史をもつ、役の行者(えんのぎょうじゃ)が開いたという石室神社が納められています。石室神社は金剛山石室権現とも呼ばれ、平安時代初期以前から海上安全の守護神として祭られたものといわれています。さらに先端に進むと縁結びの神を祭る熊野神社があり、周辺は火山角礫岩一色の景観が広がります。

図 A-27　伊豆半島最南端にある石廊崎灯台

　標高約50 mの海岸段丘の崖には、海面下での火山活動によって形成された火山角礫岩層が徐々に隆起し荒波や海流で削られて生じた波食地形が至るところに現れています。海岸を見渡すと、数100万年をかけて地殻変動によってつくられた地形が実感できます。石廊崎は日本列島から太平洋に突き出た伊豆半島の最南端で、潮の流れや風の強さのため船舶航行の難所といわれており、沖の神子元島にも立派な灯台が設置されています。

　石廊崎には複数の地震断層が通っていて、副断層が先端の一部を横切っているのが観察されます(**図 A-28**)。長津呂港から出ている伊豆急マリンの遊覧船で奥石廊大根島コースに乗ると、先端の副断層や最南端の様子がよくわかります。

図 A-28　石室神社横を通る石廊崎断層の副断層

4-2　伊豆半島沖地震と石廊崎断層

　石廊崎周辺には多くの活断層が存在し、石廊崎先端で見られた副断層とほぼ同じ N55°W の走行を示しています。1974年(昭和49年)5月9日には石廊

崎の北西5kmの入間付近を震央とするM6.9, 震源の深さ約10kmの伊豆半島沖地震が起こり, 中木部落を中心に崖崩れが発生して, 南伊豆周辺では死者・行方不明者30名, 負傷者102名, 家屋の全・半壊・焼失379棟などの今までにない大災害となりました。

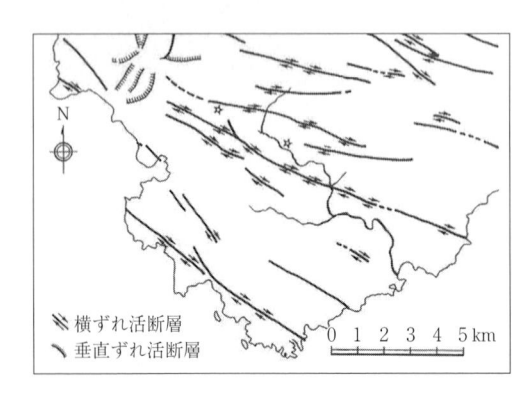

図A-29 石廊崎付近の活断層分布
（村井・金子：1976による）

このとき大きく動いたのが石廊崎断層といわれる活断層で, 主断層は石廊崎の集落からほぼ北北西に中木, 入間を通って9km先の妻良の集落まで続いていました（**図A-29**）。石廊崎断層は断層面の北側が右に移動する右横ずれ断層で, 最大変異量は中木付近で50 cm, 石廊崎で30〜45 cm, 上下のずれが石廊崎で10〜17 cm南上がりと測定されています。長津呂港の奥に位置する石廊崎の集落は北西-南東方向に走る谷の中にありますが, この谷はまさに石廊崎断層がつくった断層谷で集落の低地から北西方向を遠望するとその地形がよくわかります。断層の跡は修復工事によって現在はわからなくなっていますが, 断層の真上に建てられていた家屋は保全されていて, 敷地の土台のずれなどに地震の面影が残されています。

石廊崎付近の岬が南東に突出し, 入り江が北西に延びているのは, 北西-南東に走る断層に由来するものと思われ, 長津呂港をはじめ天然の良港が東へと続いています（**図A-30**）。

図A-30 断層に沿って湾が続く長津呂港

4-3 海食洞と波食台

　石廊崎から東へ大瀬、下流、小稲の集落が続き、海岸線は下田から続いている白浜層群に属する須崎安山岩類が風化し、強風や荒波によって洗われた千変万化の海食地形が連続します。大瀬の沖に突出している大きな岩礁は、役の行者が岩に蓑を掛けたといわれる蓑掛島で、周辺には小規模な無数の岩礁が点在しています。手石の小稲トンネルの東口から弥陀山に登る小道を少し歩くと海食洞の入り口が大きく口を開けています。この海食洞は「弥陀ノ岩屋」として古くから信仰を集め、国の天然記念物に指定されています（**図 A-31**）。4月から7月の波静かな大潮の干潮時には小船で中まで入ることができ、金色の阿弥陀如来・勢至菩薩・観音菩薩の三尊が拝めるといわれています。岩場のすきまから差し込んだ光が岩肌に当たり、仏像の姿のように浮き上がるもので、限られた条件でできる貴重な自然現象といえます。この地域の岬と入り江の向きはそろって南東 - 北西となっており、原因は石廊崎断層をはじめとする小規模な断層がこの向きに平行して走っているためです。弥陀ノ岩屋も断層の裂け目に沿って海食が進んだものと考えられています。また、岩屋周辺にある高さ6mの波食台はその高さから考えて、縄文時代の高い海面期に形成されたものと考えられます。

　観察を終えて小稲トンネルを東へ出ると、日本の渚百選に選ばれている白砂の美しい弓ヶ浜が広がります（図 A-26、**図 A-32**）。また、右手の入り江には、終戦直前に潮位すれすれに人の力で掘られた有人魚雷作戦の魚雷を格納するための多数の横穴もそのまま残されていて、歴史の一面をのぞかせています。弓ヶ浜は青野川の対岸となるため、2 kmの距離を残しています。帰路は手石

図 A-31　海食洞「弥陀ノ岩屋」

図 A-32　青野川の向こうに弧状に続く弓ヶ浜

II. 静岡県の地学めぐり

のバス停から下田方面のバスの便があります。

5. 松崎から雲見まで

松崎は仁科川，那賀川，岩科川の集まるところで，岩科学校や入江長八などで知られる西伊豆の文化の中心地です。白浜層群の白色凝灰岩層からなるこの地域は，南へ向かって岩地，石部，雲見と白壁の断崖に囲まれた入り江が続きます（**図A-33**）。

この地域は古くは岩科村三浦(さんぽ)と呼ばれた景勝地で，近年は夏の海水浴客でにぎわう温泉地となっています。白壁をつくっている凝灰岩層は下層が砂岩質で上層は一部熱水の作用で緑色化し，堂ヶ島とは違う味わいを見せています。この地域にも伊豆石の採石場跡が多くあり，整

図A-33 松崎から雲見までのルート図

備され史跡となっている所もあります。雲見で石英安山岩の貫入岩による変化に富んだ豪快な地形が楽しめます。

〔**みどころ**〕 室岩洞，岩地海岸，石部海岸，雲見海岸，烏帽子山浅間神社，千貫門など

〔**交通**〕 堂ヶ島，松崎発定期バスを利用して室岩洞で下車，雲見まで徒歩で移動します。雲見からまた定期バスを利用します。

〔**地形図**〕 5万分の1「下田」

5-1 室岩洞から岩地・石部・雲見へ

松崎港の南西に突出して見える室崎の手前に払いという海岸があり，その海岸上方に室岩洞のバス停と小さな駐車場があります。白浜層群を形成する凝灰質砂岩層はある程度の硬さは維持しているもののノコギリで切り出せるため，白浜層群の露出する西伊豆・南伊豆には数多くの採石場跡が散在しています。室岩洞は採石場跡の代表例として一見の価値があります（**図A-34**）。道路の海

A. 伊豆半島　31

側に階段があり，急階段を降りていくと採石場の入り口が見えてきます。坑内はほとんど採石終了時のままで，わずかな照明が付けられていて案内看板によって一巡できます。坑内には数ヶ所地下水が抜けずに池となっていて，澄んだ水面は一瞬鐘乳洞を思わせます。広さのわりには立ったままでは歩

図 A-34　伊豆石採石場跡「室岩洞」

けない場所もあり，頭上に注意が必要です。一部海岸をのぞける場所があり，見下ろすと海面までかなりの距離のあることがわかります。切り出した伊豆石は築城石として海岸から積み出されたといわれていますが，海岸まではまだ数10mの落差があり，落下させる以外にどのような方法がとられたのかは不明です。

　採石場跡は見学できるように整備されていますが，放置されたものも無数にあります。石部の集落近くには軍人慰霊碑として利用されているものもあります。

　岩地までの海岸線は高い断崖絶壁が続き，遥かに下の海辺で打ち寄せる白波が，柔らかい凝灰質砂岩を削っている姿が広がります。萩谷トンネルを抜けて岩地海岸の駐車場から振り返ると，萩谷崎先端に向かって白い断崖が沖まで続いているのが印象的です（**図 A-35**）。岩地は海岸に沿って集落が集中し，石部は谷に沿って山裾に延びています。同規模の湾ですが砂の色や地形の関係から岩地の砂浜が大きく見えるのは不思議です。再び道路は海岸から断崖の中腹に登り，徐々に下ると高くそびえる烏帽子山と，鳥居の立つ離れ島が印象的な雲見温泉に到着します。

図 A-35　岩地海岸

5-2 雲見海岸と千貫門

　北側の展望台から雲見海岸を望むと海抜163mの烏帽子山の突出した姿に

図 A-36 長磯の岬で見られる緑色凝灰岩

圧倒されます。岬は山裾から長磯の岬，オカトンビ，牛着島と離れ島が並んでいて，長磯の岬までは歩道があります。緑色凝灰岩が強い西風と荒波によって表面が激しく侵食され，岩肌がささくれて大きな亀裂が徐々に拡大されている様子がうかがえます（**図 A-36**）。

烏帽子山は白浜層群を貫く石英安山岩の貫入岩でできていて，下部には柱状節理が発達しています。頂上には磐長姫 尊を祭る雲見浅間神社があり，雲見海岸から頂上まで460段の凝灰岩の石段を使った参拝道がつくられています。山頂からは北方に駿河湾や富士山，西伊豆の海岸線が一望でき，足元に千貫門を見下ろします（**図 A-37**）。

烏帽子山を降りて国道を500 m東へ上って千貫門入り口から浜へ向かい小さな峠を越えると，浅間神社の海の鳥居といわれる千貫門が見えてきます（**図 A-38**）。千貫門も烏帽子山と同様に石英安山岩でできていて，柱状節理が発達しています。洞門の高さは約15 m，幅約10 mで波が静かなときは遊覧船が通過できます。千貫門の北側には小規模なトンボロが見られ，海岸から千貫門に渡ることができます。国道に戻ると雲見温泉のバス停から松崎・下田への便が利用できます。

図 A-37 雲見海岸の向こうに高くそびえる烏帽子山

図 A-38 浅間神社の海の鳥居「千貫門」

6. 堂ヶ島海岸と仁科川

堂ヶ島海岸は伊豆半島の基盤となる新第三紀白浜層群の白色砂質凝灰岩からできています。波食によってつくられた小島の地層と松の景観が美しく，日本三景の一つ仙台の松島に似ていることから，伊豆の松島ともいわれます。凝灰岩は侵食されやすいため周辺に多くの海食洞がつくられ，海岸沿いに複雑な地形をつくっています。また荒波や激しい海流は侵食とは逆の礫や砂の運搬・堆積も行うため，トンボロ（陸繋島）もつぎつぎにつくられました（**図A-39**）。

堂ヶ島海岸のすぐ南には仁科川が松崎港に流下し，白浜層群よりさらに古い時代の湯ヶ島層群の地層が露出しています。最下層には枕状溶岩が見られる最も古い地層もこの付近に分布しているので，あわせて観察をしてみましょう（**図A-40**）。

〔**みどころ**〕 堂ヶ島天窓洞，瀬浜のトンボロ，白浜層群の白色砂質凝灰岩と斜交層理，湯ヶ島層群下部層，白川の凝灰質砂岩シルト岩互層など

〔**交通**〕 堂ヶ島へは修善寺駅から松崎行の定期バスがあり，堂ヶ島から仁科川上流の白川までは徒歩で移動します。白川からは松崎行の定期バスがあります。

〔**地形図**〕 5万分の1「下田」

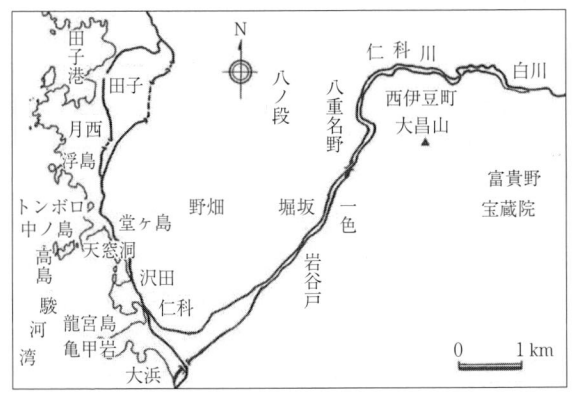

図A-39 堂ヶ島から白川までのルート図

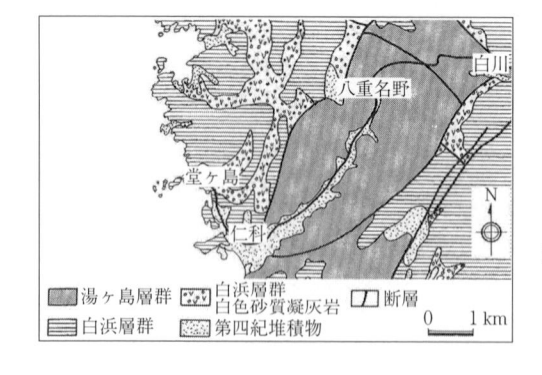

図 A-40 堂ヶ島から白川までのルート図に沿う地質図（静岡県：1982による）

凡例：湯ヶ島層群／白浜層群／白色砂質凝灰岩／断層／白浜層群／第四紀堆積物

6-1 堂 ヶ 島

堂ヶ島バス停から遊覧船の発着所横を通り，堂ヶ島展望台を目指します。眼前の地層は下部に黒色〜灰色，赤褐色などの安山岩質〜石英安山岩質の火山角礫岩が目立ちます。間を埋めている灰白色の火山灰や軽石のなかには巨礫も混じっています。これは水中火砕流堆積物の特徴です。上部の地層は灰白色の砂質凝灰岩と白色凝灰岩の互層が見事な縞模様となって厚く堆積し，地層が斜めに交差し合う斜交層理（クロスラミナ）が発達しています。このことは白浜層群が浅い海での火山活動による堆積物であり，周辺の海流が激しかったことを物語っています。また堆積物の粒の大きさを観察すると，それぞれの地層の中で下から上に向かって徐々に小粒に変化していくことがわかります（**図 A-41**）。これはさまざまな大きさの砂礫がいちどに水中に投げ込まれたときに起こる現象で，水中で爆発的な火山活動が行われたことを意味しています。天窓山に登って展望台から北の海を見ると，三つの島（三四郎島）が1列に並ぶ瀬浜のトンボロ（陸繋島）が眼前に横たわって見えます（**図 A-42**）。満潮時は離れ島ですが，干潮時には陸と島が完全につながり，歩いて渡ることができます。遊歩道をさらに進むと真ん中にぽっかりと口を開けている「天窓洞」に出ます。天窓洞は 18m×13m の円に近い楕円形をした崩落洞穴で周囲が 48.7m あります。海食によってつくられた天窓洞の構造は複雑で海の方向から三つの入り口があり，中でつながっているため，総延長は 395m もあるといわれています。遊覧船に乗るとこの中を通り，天窓洞を内部から眺めることができます（**図 A-43**）。

図 A-41 展望台下の白色凝灰岩露頭

図 A-42 瀬浜のトンボロ

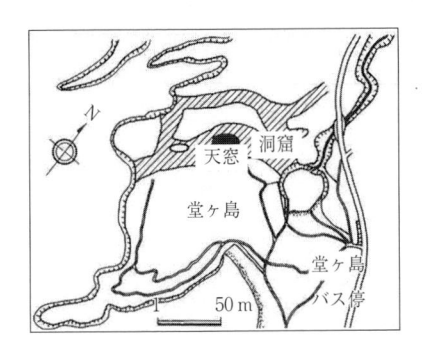

図 A-43 堂ヶ島天窓洞の平面図
（西伊豆町提供）

　国道に戻って東岸の乗浜へ向かうと沖に並ぶ島を正面から眺める展望台があります。真正面の蛇島には白色凝灰岩層のきれいな縞模様がそろったままくねくねと曲がった構造が見えます。これはスランプ構造といわれるもので、地層がまだ固まっていない時期に地震などで海底地すべりが起こった跡と考えられています。国道から乗浜に入って先端へ進み高山灯台展望台を目指します。灯台の足元にあたる大露頭は大幕と呼ばれ、層理のない地層が20ｍ以上も続いていて、見ごたえがあります。遊歩道を下ったところに加治屋浜があり、火砕流堆積物の凝灰角礫岩の厚い層が見られます。堂ヶ島周辺では火山角礫岩の噴出物がつくった複雑な海底地形の上に、つぎつぎと新しい火山活動による噴出物が重なり、土地の隆起と海食によって変化に富んだ地形ができあがったものと考えられます。仁科漁港から国道に戻り、仁科川を目指します。

6-2 仁科川と湯ヶ島層群

　仁科川は天城山脈猫越峠付近から南西に流れ下って、松崎港に注ぐ中規模の

河川です。この地域は伊豆半島の中で最も古いとされる2000万年前頃の湯ヶ島層群の最下部が露出している点で貴重です。仁科川に沿って県道59号線を北上すると一色の集落に到着します。一色川に沿って南東に林道を進み，最初の橋を渡って300mくらい進むと右手に露頭があります。周辺が丸く縁取られた岩石は枕状溶岩と呼ばれるもので，海底の火山活動で溶岩が流れ出して冷え固まったことを示しています（**図A-44**）。枕状溶岩の中には緑色または白色の丸い粒状の鉱物が多く含まれています。丸い粒はマグマ中の揮発成分（ガス）が発砲して抜けた後に，熱水の成分が穴を埋めて固まったもので，杏仁状構造と呼ばれています。穴を埋めている鉱物の多くは緑色の緑泥石ですが，沸石や方解石，メノウやオパールなども含まれます。隣接した緻密な火山岩はマグマを供給した貫入岩と見られます。

県道59号線に戻って上流に向かうと大きな砕石場があります。すぐ前の河原に降りて周辺の石を見ると，緑がかった硬質の岩石が多く見られます。緑色の成分は，火山岩に含まれる輝石や角閃石が熱水の作用で変質し緑泥石や緑れん石に変化したものです。河原にはこのほかにも緑色凝灰岩，凝灰角礫岩，火山角礫岩など湯ヶ島層群最下層を構成する代表的な岩石が観察できます。中には含金石英脈と見られる岩片なども見られ，上流に金鉱脈が存在することをうかがわせます（**図A-45**）。

図A-44 一色川に沿った林道で見られる枕状溶岩

図A-45 砕石場前の河原で見られる湯ヶ島層の露頭と転石

6-3 白川河床の凝灰質砂岩シルト岩互層

さらに上流に向かって進み，三差路を右折して白川の集落へ向かいます。約500mほど進むと道が右カーブとなり，河原に大きな露頭が現れています。河

原に降りる道は付けられていないため、ガードレールを越えて踏み分け道を下ります。この露頭は湯ヶ島層群に属し、凝灰質砂岩層とシルト岩層が交互に重なる見事なもので、下方は砂岩層となっています（**図 A-46**）。観察は白川集落で終了となります。白川からは松崎行きの定期バスを利用できますが、便数が少ないので時刻を確認しておきましょう。

図 A-46 白川の河床で見られる湯ヶ島層群の凝灰質砂岩シルト岩互層

7. 大瀬崎から戸田へ—砂礫嘴はどうしてつくられるか—

深い駿河湾に沿った大瀬崎から戸田にかけての海岸線には、黒潮の流れと波の働きで砂礫嘴が発達しています。南伊豆や西伊豆に比べて新しい火山地形がどのようにしてこのような地形を形成するのか、観察をすすめましょう（**図**

図 A-47 大瀬崎から戸田までのルート図

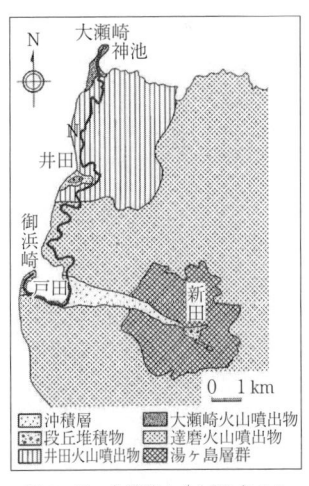

図 A-48 大瀬崎から戸田までの地質図

A-47, 図 A-48)。

〔みどころ〕 大瀬崎の砂礫嘴，淡水の神池，大瀬崎火山溶岩，井田火山噴出物，明神池，達磨火山噴出物，戸田，御浜崎

〔交通〕 沼津駅南口より東海バス大瀬崎行き終点下車。井田，戸田までは海岸線の車道を歩きます。戸田からは修善寺まで定期バスが利用できます。

〔地形図〕 5万分の1「修善寺」

7-1 大　瀬　崎

伊豆半島の北西端に位置する大瀬崎は，岬の先端があたかも人工堤防のように1km も北方に突出しています。付近には岩脈や残丘などが見られず，土地が削られて形成されたものではないことがわかります。土地の高さが一定で丸く磨かれた礫や砂が堆積しているこの地形は，長い年月に砂や礫が荒波や海流に運ばれてできる砂礫嘴で，井田や戸田にも共通して見られます。

大瀬崎砂礫嘴はほとんどを礫と砂が占めていますが，岬の基部には大瀬崎火山の溶岩と凝灰角礫岩が見られます。大瀬崎砂礫嘴はこれらの岩体が基になり，45°の角度で当たる強い波によって，砂や礫が運搬され，砂礫嘴が成長したものと考えられます。また，砂礫嘴の中から弥生時代の遺物が出土することから，縄文晩期〜弥生期にはすでに砂礫嘴ができていたと考えられます（**図 A-49，図 A-50**）。

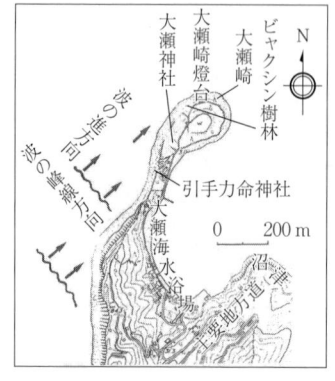

図 A-49 大瀬崎の砂礫嘴と波の方向　　**図 A-50** 砂礫嘴の外側に堆積した大礫

大瀬崎の先端部には海水より水位が2m高い「神池」があります。神池は長径90m, 短径60m, 水深4.8mで, 鯉・鮒などが生息する淡水の池です。周囲を海に囲まれていて川がなく, 池がなぜ淡水なのか「伊豆の七不思議」の一つといわれていますが, 火山の本体斜面から浸透した雨水が北に傾き互層する凝灰角礫岩や溶岩の割れ目を流れ, 被圧地下水となって岩体の末端から湧き出ているのではないかとも推測されます。

大瀬崎のやや高まった所に大瀬神社があり, 海の守り神といわれる引手力命（ひきでちからのみこと）が祭られています。神社周辺はビャクシンの古木が茂り, ハマユウの群落があります。ビャクシンの自然林は見事で, 国の天然記念物となっています。大瀬入り口から車道を井田へ向かいます。

7-2 大瀬崎から井田へ

大瀬崎火山の岩質は安山岩質玄武岩で, 大瀬崎から井田までの約2.5kmの車道の至るところで観察できます。井田は小さな集落のわりには田圃が大きく広がっている点で大瀬崎, 戸田と違っていますが, 海岸線を観察すると同じ砂礫嘴が成長してできた地形であることがわかります。つまり成長した砂礫嘴が反対側の海食崖に接続し, 湾だった部分の半分が井田川の堆積物で平地となったのです。川の水が届かなくなった部分が現在の明神池となり, 明神池は現在徐々に沼化しているといわれています（**図A-51**）。明神池にはヤチボウズ（野地坊主：カヤツリグサ科の植物）, テツホシダなどの本州では珍しい南方の植物が見られます。

井田は井田火山によってつくられた地形ですが, 大部分が達磨火山によっておおわれています。明神池の南端に近い海岸では井田火山の溶岩の露頭があ

図A-51 井田の砂礫嘴と明神池

り，安山岩質玄武岩が観察できます。

戸田を目指して井田の集落を出ると，すぐに井田を見下ろす松江山に展望台があり，松江古墳(せんこうこふん)があります。この古墳は伊豆西海岸最大の規模で，縄文時代の生活様式の横穴古墳群で，約30基の古墳から成り立っています。出土品は沼津市戸田御浜崎(みはまざき)にある沼津市戸田造船郷土資料博物館に保存されています。

沢海展望台から南方を望むと御浜崎に囲まれた静かな戸田港が展開します。戸田港を経て砂礫嘴の先端の御浜崎を目指します。

7-3 戸田と御浜崎

戸田は達磨山からほぼ西へ向かって流下する戸田大川の河口にあたり，達磨山から運んだ河川堆積物によってつくられた平坦地に集落ができています。海岸の崖には達磨山の安山岩が露出し，柱状節理が発達しています。戸田湾は長さ700m，幅100mの御浜崎の砂礫嘴が延びて防波堤となっているため，いつも波静かな天然の良港で，湾内は海水浴場となっています（**図A-52**）。戸田湾には安政の大地震で発生した津波によってロシアの帆船「ディアナ号」が大破したとき，この湾でそれに代わる日本式の洋式帆船「ヘダ号」が建造された歴史があります。

伊豆西海岸の強い西風と荒波によって削られた砂礫は，海岸を北上する黒潮の流れによって運ばれ，砂礫嘴がつくられます。御浜崎は大瀬崎と同様に南から北へ向かって延びる西伊豆特有な砂礫嘴の代表例です。御浜崎の対岸には，土地の人が赤羽根と呼んでいる赤く目立った地層があります（**図A-53**）。冷えた噴出物の上に高温の新しい噴出物が重なり激しく酸化が進んだものと考えら

図A-52 御浜崎の砂礫嘴と戸田湾

図A-53 対岸に赤色の帯状に見える「赤羽根」

れます。達磨山の溶岩は北は西海岸，東は修善寺，南は土肥付近までを広くおおい，約80万年前に活動したと考えられています。

砂礫嘴の付け根にある御浜岬公園には人間魚雷海龍の碑があり，戸田湾の周辺にも終戦間近に魚雷を格納するために掘られた横穴が残されています。

駿河湾は水深が急激に変化する特殊な地形のため，近海でも深海生物が数多く見られます。中でもタカアシガニは世界最大の節足動物で，両脚を伸ばすと3mにも達するものもあります。新第三紀中新世の化石として産出するため生きた化石ともいわれます。戸田から修善寺まで定期バスが利用できますが，戸田港から沼津港まで船を利用すると，達磨山火山溶岩，井田火山溶岩，大瀬崎火山火道などを船上から観察できます。

8. 狩野川と田方平野

伊豆半島の最高峰天城山地に源を発し約50kmを北流して駿河湾に注ぐ狩野川は，伊豆半島最大の河川で，川の侵食，運搬，堆積作用による地形が明瞭に観察される唯一の本格河川です。上流では侵食された川底に基盤の湯ヶ島層群や白浜層群の地層が露出し，下流には大量の堆積物からなる田方平野が広がります。狩野川は本流の長さに対して支流の数がきわめて多く，多雨地帯の天城山をはじめ周囲の山地に降った雨がすべて集中するため，これまで天竜川と同じ暴れ川ぶりをたびたび見せてきました。下田街道に沿って狩野川沿いの地質や地形・水系を観察しましょう（**図A-54**，**図A-55**）。

〔みどころ〕 狩野川，浄蓮の滝，湯ヶ島層乱泥流，沖積平野の地形，自由蛇行跡の三日月湖など

〔交通〕 JR三島駅から伊豆箱根鉄道で修善寺駅へ，東海バスで浄蓮の滝前下車，御園へは三島駅から東海バスの便があります。

〔地形図〕 5万分の1「沼津」・「修善寺」

8-1 狩野川と浄蓮の滝

狩野川の源流は天城山地から北に流れる本谷川で，湯ヶ島温泉付近では渓谷に清流が流れています。浄蓮の滝は湯ヶ島温泉の南約2kmにあり，小説『伊豆の踊子』の舞台にもなって観光名所として有名です。浄蓮の滝は今から2万

42 Ⅱ. 静岡県の地学めぐり

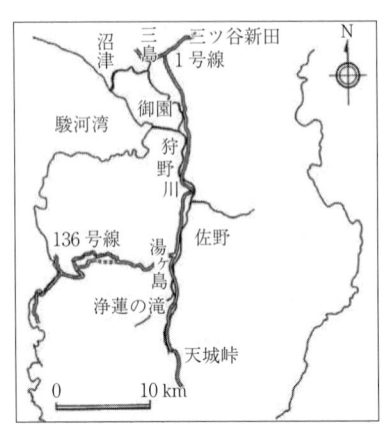

図 A-54 狩野川に沿ったルート図

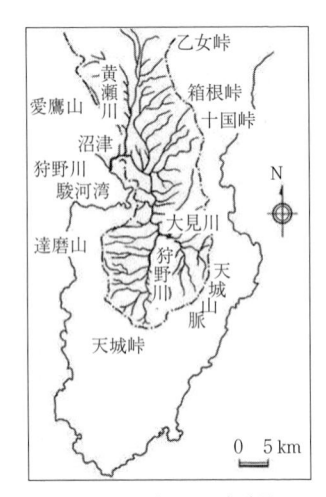

図 A-55 狩野川の水系図

年前に鉢窪山火山の噴火で流れ出た溶岩が川をせき止めてできたもので，滝壺の裏側や左右の造瀑層の壁面には見事な柱状節理が発達しています。鉢窪山溶岩はかんらん石玄武岩でオリーブ色のかんらん石の斑晶が見られます。滝の周辺にはハイコモチシダ（別名ジョウレンシダ）が群生し天然記念物となっています。下流には清流を利用した天城特産の山葵田（わさびだ）が続いています（**図 A-56**，**図 A-57**）。

中流に近い佐野の右岸には増水のたびに削られてできた湯ヶ島層群の凝灰質砂岩の露頭に乱泥流で形成された地層が現れています。河原に降りて凝灰質砂岩の観察ができます。また，修善寺大橋の下流部の川底にも湯ヶ島層群の凝灰質砂岩の露頭が露出しています（**図 A-58**）。

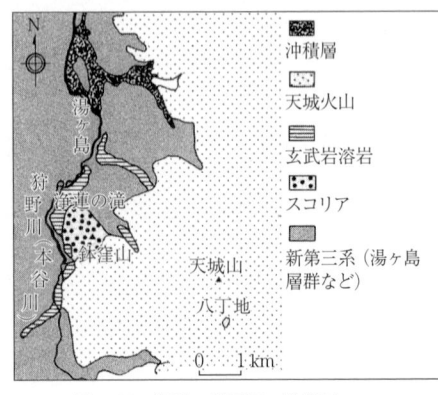

図 A-56 浄蓮の滝周辺の地質図

図 A-57　浄蓮の滝

図 A-58　佐野の湯ヶ島層乱泥流層の露頭

8-2　田方平野―かつて内湾だった田方平野―

　狩野川は湯ヶ島から下流で持越川，吉奈川，船原川などと合流し，大見川が合流すると水かさが一気に増し，大仁，長岡と川幅がさらに広がっていきます。韮山町南条あたりから先は流れも変わって穏やかになり，田方平野が広がります。南条付近は標高 14 m くらいですが流れは河口のように緩やかになっています。三島市長伏には狩野川が自由蛇行した名残の三日月湖が残されていて，潟のような環境にあったことを示唆しています（**図 A-59**）。また，周辺の扇状地の勾配は千分の 16 くらいですが田方平野は千分の 0.8 ときわめて小さくなっていて，このような田方平野の平らさは 1 400 m の標高をもつ天城山の流域としてはかなりの不自然さがあります。

　これらの地形の問題は，田方平野の生い立ちに深い関係があり，沖積層や周囲の地層の研究，遺跡の調査などから，つぎのように考えられています。

　今から 1.8 万年前のヴュルム氷期の時代に海面が低下し，古狩野川の谷は 100 m も侵食されていたことが楽寿園のボーリング調査からわかっています。その後，今から 9 000 年前の縄文早期には温暖化に伴って海面が上昇し，海水が谷に進入して内湾が広がりました（古期古狩野原湾）。6 000 年前には湾が最も拡大し，大仁町くらいまで入り江となりました。この頃の地層か

図 A-59　狩野川の自由蛇行跡の三日月湖

らシオヤガイ，マメウラシマなどの暖流系内湾種の貝化石が発見されています。湾口部が狭く淡水化が進み3000年前にはカワゴ平の噴火による大量の火砕流によって一時的に湾内が陸化します。湾が少し復活をし始めた2500年前頃（新期古狩野原湾），今度は御殿場泥流堆積物によって湾口が塞がれ，縄文晩期から現在にかけて海水準が下降するにつれて陸化が進み，現在のような田方平野が誕生しました。

自由蛇行しながら沼津で感潮河川となる狩野川と田方平野は，国道1号線沿いの三島市三ツ谷新田町付近や伊豆スカイラインなどから一望できます。

9. 丹那断層に沿って—北伊豆地震による断層を調べる—

1930年（昭和5年）に伊豆半島北部で発生した「北伊豆地震」は丹那盆地を震源とするマグニチュード（M）7.3の大地震で，死者・行方不明272名，負傷者572名の人的被害を出しています。この地域はA級の活断層地帯ともいわれ，地球科学的には「魔の丹那」とも称されている特別区域で，直下を東海道線の2本の長いトンネルが通っています。ここでは天然記念物に指定されている丹那断層を目で確かめ，活断層の周辺集落と断層谷を歩いて，北伊豆地震環境の理解を深めます（**図A-60**，**図A-61**）。

〔みどころ〕 畑地区乙越の丹那断層跡，田代盆地火雷神社の丹那断層跡，田代〜丹那〜浮橋〜田原野・修善寺加殿に続く断層谷，田代・浮橋の丹那断層による変位地形など

〔交通〕 JR三島駅から箱根登山バス丹那・田代行を利用します。断層に沿って4km歩きます。

〔地形図〕 5万分の1「熱海」・「沼津」・「修善寺」・「伊東」

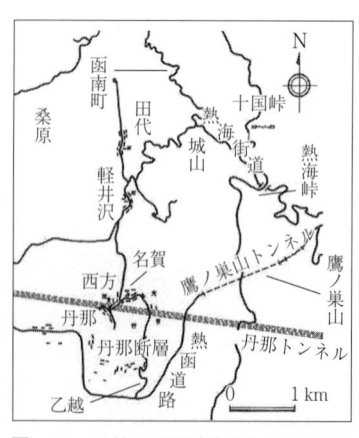

図 A-60 乙越の丹那断層跡から田代までのルート図

A. 伊豆半島　45

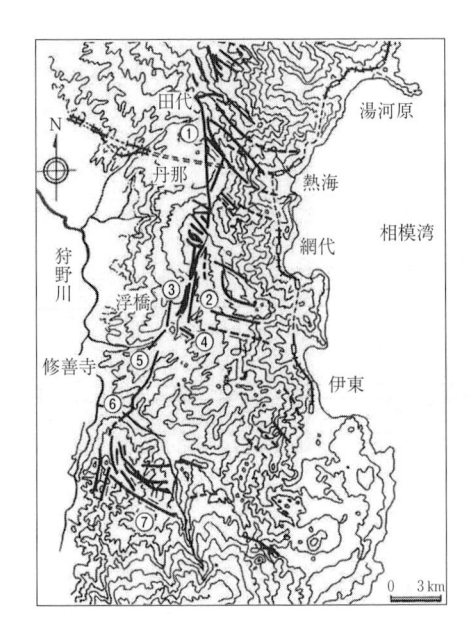

図 A-61　北伊豆活断層系分布図
太線：地震断層（①丹那，②浮橋中央，③浮橋西方，④田原野，⑤大野，⑥加殿，⑦姫ノ湯の北伊豆地震断層）

9-1　乙越の丹那断層跡

　丹那盆地にある乙越の丹那断層跡には，北伊豆地震のエネルギーの大きさが地形として残されています。ここは現在丹那断層公園となっていますが，元民家の敷地内だったところで，塵穴の周辺に配置された石組みがずれたまま保存されています。断層面の向こう側が左方向に 2.6 m ずれていて，左横ずれ断層といいます。丹那断層は水平方向のずれが大きいわりに上下の変位はほとんどありません。一部の石を除いてほとんど当時のまま保存された状態で，今でも観察や距離の測定が可能です（**図 A-62**）。

　乙越の丹那断層跡は断層線が地表に見えている貴重なもので，1935 年（昭和 10 年）に国の天然記念物に指定されました。その後研究調査が繰り返し行われ，1985 年（昭和 60 年）に行われた東京大学地震研究所のトレンチ調査の跡が「断層地下観察室」として一部保存されていて，誰もが断層の断面を間近に見ることができます（**図 A-63**）。

46　Ⅱ．静岡県の地学めぐり

図 A-62　乙越の丹那断層跡

図 A-63　丹那断層断面露頭

9-2　丹那盆地と断層谷

　北伊豆地震は内陸直下型地震です。内陸直下型地震は断層の活動によって引き起こされます。北伊豆地震後，修善寺の東側の山間部から北側へ延びる多くの断層が見つかり，中心となる丹那断層は北は箱根峠付近から南は修善寺南部まで，総延長 30 km を超える活断層であることがわかりました。

　丹那断層の存在は 1918 年（大正 7 年）に着工した丹那トンネル工事での軟弱な地質や断層破砕帯と湧水との戦いからその存在はよく知られていました。また，湯河原火山や玄岳で象徴される多賀火山の稜線が連なる伊豆スカイラインの西側には，田代～丹那盆地を結ぶ南北に延びる凹地が見られることから，ここに南北方向の断層が通っていることが早くから推定されていました。田代盆地の西縁に沿った道路のわきにある田代火雷神社では，鳥居と石段の間を丹那断層が

図 A-64　田代火雷神社の断層

走り，参拝道が食い違った様子を見ることができ，乙越の丹那断層とともに貴重な史跡として保全されています（図 A-64）。

故久野博士は地形図（図 A-65）を見て，1本に続いていた谷が丹那断層を挟んで約1kmの左横ずれを起こしていることに気付きました。また，湯河原火山と多賀火山の地質の境界も同じようにずれていることから，50万年に1kmの割合で動いていることを指摘しました。つまり，1000年に2mほどのずれが積もり重なって1kmになったということになります。

図 A-65 丹那断層による変位地形図

トレンチ調査の結果などから，現在までの丹那断層の運動量は左横ずれ1km，西側地塊の隆起100m以上と推定され，北伊豆地震規模の地震は平均約800年の周期で繰り返されると考えられています。

引用・参考文献

1. 藤枝孝善編著（2001）：自然地理探訪「伊豆の地形がわかる本」，p. 59
2. 静岡県地学会編（1996）：駿遠豆 大地みてあるき，静岡県地学会，p. 4
3. 土 隆一編（1974）：静岡県の地質，静岡県，p. 95
4. 土 隆一編（2001）：静岡県の地形と地質－静岡県地質図20万分の1（2001年改訂版）説明書－，内外地図
5. 村井 勇・金子史朗（1976）：南関東における活断層・断層構造とネオテクトニクス，自然災害科学・資料解析研究3，pp.27-38

（齋藤　俊仁）

B. 富士山とその周辺

日本最高峰（3 776 m）の富士山は，その壮大さと美しさによって古くから日本人に親しまれてきました（**図 B-1**）。一方，富士山は火山であるため，昔から何度も噴火を繰り返し，そのたびに麓に災害をもたらす恐ろしい存在でもありました。最近の活動は1707年（宝永四年）の宝永噴火であり，火口から大量の火山砂礫・火山灰を放出しました。この噴火から300年以上にわたり富士山は長い眠りに入っていますが，2000〜2001年には地下のマグマや火山ガスの動きと関連していると思われる「低周波地震」が多発し，今後も噴火する可能性が高い火山であることが社会に再認識されました。

図 B-1 南から見た富士山

昔，「富士山は休火山である」といわれていました。しかし現在は活火山に区分されています。この理由は休火山という分類がなくなったためです。気象庁は「現在，噴気活動がある火山や約1万年以内に噴火した火山」を活火山と定めて富士山を含む108の火山を選定しています。

富士山は四つのプレートが密集する特別な場所に位置します。富士山周辺ではユーラシアプレートと北米プレートの下にフィリピン海プレートが沈み込み，さらにその下には太平洋プレートが沈み込むという，とても複雑な地質構造をしています。

富士山は円錐形の均整がとれた形をしています。この形は噴出物である溶岩と火山砂礫が山体斜面に交互に降り積もったことによりつくられました。このような火山を成層火山と呼びます。日本の成層火山の中で富士山の山体は特別に大きく，底面の直径は東西39 km，南北37 km，山麓の周囲は153 km，体積は約1 400 km^3（東京ドーム約113万杯分）もあります。これまでに噴出したマグマの総量は400 km^3（東京ドーム約32万杯分）以上と見積もられています。これは現在最も活発に活動している桜島（40 km^3）や浅間山（60 km^3）の

10倍ほどになります。

　20世紀までの調査研究により，富士山は小御岳，古富士，新富士の3火山から構成されていることがわかっていました（**図B-2**）。小御岳火山は10数万年前に活動を終え，古富士および新富士からなる富士火山は約10万年前に活動を開始したと考えられています。しかし21世紀に入ってから，小御岳の下にもう1つ別の火山"先小御岳"の存在が明らかになりました。これは東京大学地震研究所による地下の掘削（ボーリング）調査の成果です。この調査は富士山北東の5カ所で最深650mまで掘り進み，地下の状態を調べるために使われる"コア"と呼ばれる円柱形にくりぬいた岩石を，地下深部から引き上げることから始められました。コアの岩石を詳しく調べたところ，これまでに富士山にはなかった種類の岩石が見つかりました。富士火山の岩石はすべて玄武岩であるのに対し，小御岳は安山岩からつくられています。一方，先小御岳には富士火山や小御岳の岩石には含まれない，角閃石を含む安山岩〜デイサイトが存在するのです。角閃石は日本産の安山岩にはごく普通に見られますが，富士山から噴出した火山岩の中から産出されるのは初めてでした。安山岩を野外の太陽の光を当てながら観察すると，角閃石はピカピカ黒く光る長柱状の粒として容易に判別することができます。これはへき開面と呼ばれる結晶の割れた面に艶があるためであり，角閃石に特徴的な性質です。

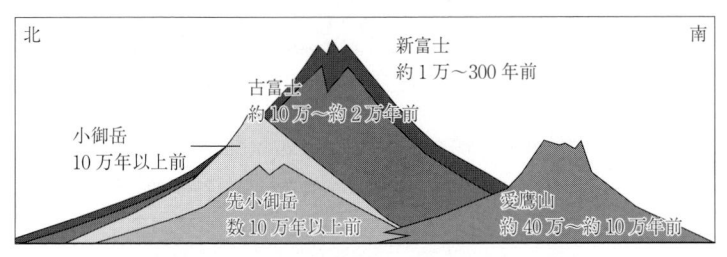

図B-2　富士山の推定断面図（中田ほか，2007を改変）

　先小御岳と小御岳の噴火活動に関してはいまだ不明な点が多いのですが，古富士および新富士に関しては多くのことがわかってきました。古富士火山の活動は約10万〜約2万年前であり，爆発的な噴火を繰り返して麓に降下スコリア（黒い軽石）層を堆積させました。関東地域に広く分布する"関東ローム

層"の大部分は古富士火山の噴火によって放出された火山灰です。そして時には山体斜面が崩壊し，火山泥流となって麓に流れ，"古富士泥流堆積物"と呼ばれる地層を形成しました。富士山西麓には古富士泥流堆積物の地層を観察できる場所があります。爆発的噴火が多かった古富士に比べて新富士火山の活動は静かにマグマを流出する溶岩流噴火が多くなりました。約300年前の宝永噴火を除き，新富士火山の活動期は噴火様式の違いに基づいて以下の五つの時期（ステージ）に区分されています（**図 B-3**）。

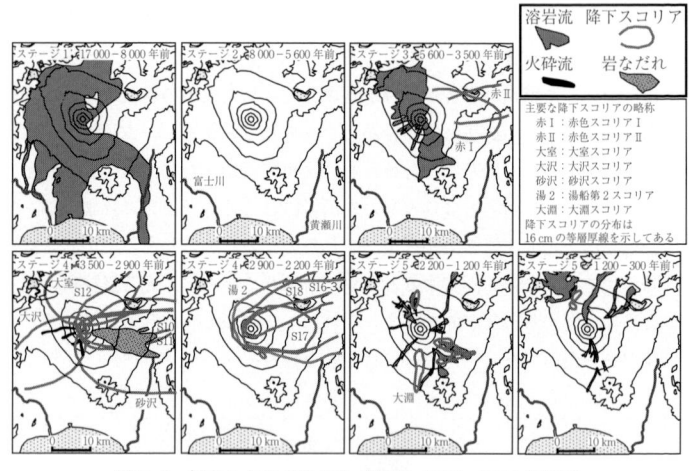

図 B-3　新富士火山の噴火史（宮地，1988，2007を改変）

ステージ1（17 000 〜 8 000年前）：多量の溶岩を流出
ステージ2（8 000 〜 5 600年前）：噴火がほとんど起こらなかった
ステージ3（5 600 〜 3 500年前）：おもに溶岩を流出
ステージ4（3 500 〜 2 200年前）：山頂火口から爆発的に噴火
ステージ5（2 200 〜 300年前）：側火山から溶岩を流出

溶岩の流出はステージ1が最も多く，山麓のさまざまな方向に多くの溶岩が流れ下りました。富士山の南東斜面に噴出した三島溶岩流，西斜面から噴出して富士川河口まで流下した芝川溶岩流，南斜面を広くおおう大淵溶岩流などです。日本の火山の多くは安山岩と呼ばれる粘性のある溶岩流を噴出しているの

に対し，これら富士山の溶岩流は玄武岩と呼ばれ，粘性が低いという特徴があります。そのために火口から遠くまで流れることができ，広い裾野を形成しました。富士山に降った雨や雪解け水は，これら溶岩流のすきまを通って下方へ流れ，溶岩流の末端から湧きだしています。東麓にみられる柿田川，西麓にみられる猪之頭湧水群や湧玉池などです。ステージ3および5でも玄武岩質溶岩の流出がたびたび起こり，マグマの流下に伴ってさまざまな地形が形成されました。ステージ4で活発に起こった爆発的噴火により放出された火山砂礫・火山灰は主に東麓で観察することができます。

　本章では，噴火に伴って形成された風穴や滝などの地形や火山噴出物が観察できる場所を紹介します。まず，富士山本体の地形・地質を説明し，つぎに宝永火口，中腹，東麓，西麓の順番で観点点を見ていきます。

1. 富士山頂へ

　静岡県側から富士山頂へ登山するコースは，主に富士宮口，須山口，御殿場口，須走口の4ルートがあります（**図B-4**）。各登山口のバスの終点はすべて新五合目と呼ばれて名前は統一されていますが，標高は大きく異なります。最も標高の高い新五合目が富士宮口で約2400 m，つぎに須走口が約1970 m，そして須山口（水ヶ塚駐車場）と御殿場口（太郎坊）がともに約1450 mです。したがって，新五合目から標高3776 mの剣ヶ峰まで登山する場合，コー

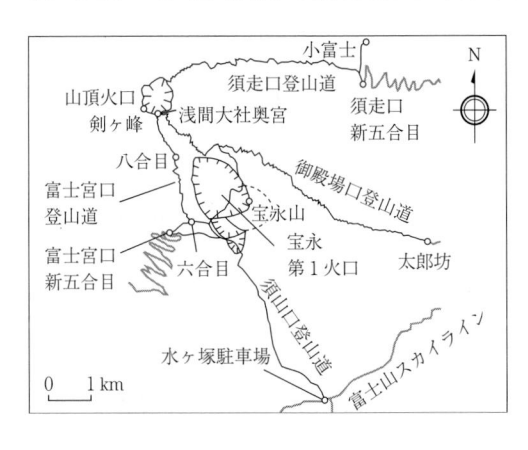

図B-4 富士山山頂までの登山ルート図

スによって登頂時間が大きく異なります。例えば,一般人が登山する場合,富士宮口からの登頂は5時間かからないのに対し,御殿場口からは6時間以上かかります。

一般人が登頂するのは7月1日の山開きから8月下旬までの約2ヶ月に限られます。山頂の気温は平地に比べて約20℃低く,天気が変わりやすいため,防寒対策および雨具の準備は必ずしましょう。また酸素濃度が平地の2/3程度と低いため,頭痛などの高山病を引き起こす場合があります。高山病にならないために,ゆっくりした一定のペースで登山することと,こまめに水分補給しながら歩くことを心がけましょう。登山中に水分補給をする理由は循環血液量の減少を防ぐために重要だからです。

ここでは最も短時間で登頂できる富士宮口から登山をし,頂上で火口を一周して帰ってきたときに観察される地形・地質を紹介します。

〔**みどころ**〕 噴火割れ目の火口列,根なし溶岩,アグルチネート（スコリア集塊岩）,山頂火口,御鉢めぐり,山頂からの眺め

〔**交通**〕 富士宮口新五合目行きのバスは富士宮駅,富士駅,新富士駅,三島駅から出ており,富士宮口から約1時間半,三島駅から約2時間かかります。

〔**地形図**〕 5万分の1「富士山」・「富士宮」・「御殿場」・「山中湖」

1-1 富士宮口新五合目から六合目へ

富士宮口は平安時代から築かれていた最も古い登山道であり,「表口登山道」と名付けられています。静岡県側は「表」ですから反対の山梨県側は「裏」となるのでしょうか？ 事実,江戸時代までは東海道から見る富士に対して甲斐（現在の山梨県）から見た富士は「裏富士」と呼ばれ,葛飾北斎の「冨嶽三十六景」の中にも「身延川裏不二」という絵が存在します。しかし山梨県の吉田口にはそのような表記はありません。

富士宮口から北方には山頂の剣ヶ峰を望むことができます（**図 B-5**）。剣ヶ峰の右手下方に不動沢と呼ばれる谷が確認できます。これは1000〜1050年頃にマグマが噴出した噴火割れ目の火口列です。さらに右手には日沢と呼ばれる谷が存在し,これも1000〜1050年頃に活動した噴火割れ目の火口列です。これら噴火年代は,噴出した溶岩の下に埋没して黒こげになった木炭の炭素同位体比を測定することによって推定されたものです。富士宮口新五合目からは日

B. 富士山とその周辺 53

図 B-5 富士宮口新五合目から見た富士山頂

沢から流出した黒い溶岩流（日沢溶岩流）が下方に流れ出していることも遠望できます（図 B-5）。

　割れ目火口列の観察が終わったら，富士登山を始めましょう。登山道入口の石段を登り，低木の生えている砂礫の中を1〜2分歩きます。すると視界が開け，すぐ右横に公衆トイレがある場所にたどり着きます。この付近の足下はスコリアどうしが粘着して固まっています。これは不動沢割れ目から噴出したマグマのしぶきが多数飛来し，着弾時にまだ未固結であったため，飛沫どうしが粘着したものです。これはスパターやアグルチネート（スコリア集塊岩）と呼ばれています。アグルチネートに顔を近付けて詳しく観察してみましょう。白色の短冊状の結晶が複数集合しているのが観察されます。これは斜長石斑晶の集斑状組織と呼ばれるものであり，不動沢から噴出した溶岩の重要な特徴です。なお，古文書には不動沢および日沢からのマグマ噴出の記録はありません。しかし，不動沢溶岩の特徴は937年に山梨県富士吉田市に流下した剣丸尾第1溶岩に類似します。同様に日沢溶岩の特徴は1033年に噴火した剣丸尾第2溶岩に似ています。このため，937年と1033年には山梨側と静岡側で同時に噴火が起こったと推定されています。もしこれが事実だとしたら，防災上，重要な情報となります。溶岩流の流下は地形に支配されるため，噴火が起こった斜面の逆側は一般的に安全だと考えられてきました。しかし，逆側の斜面にも同時に噴火が起こるとしたら，被害想定地域を大幅に見直さなければなりません。

新五合目から砂礫の斜面を20分ほど登ると、平らな場所にたどり着きます。六合目の山小屋はすぐ右横に見えます。この場所には厚さ3m以上の主杖流(しゅじょうながれ)と名付けられている溶岩流が存在します(**図B-6**)。これは火口から飛来したマグマが着弾後、再溶融して流れたものであり、根なし溶岩流と呼ばれています。溶岩流の下部は再溶融の際に気泡が抜けて、密な岩石になっています。一方、上方部は多孔質のスコリア同士が粘着しています。

図B-6 富士宮口六合目付近に見られる主杖流

1-2 六合目から頂上へ

六合目の山小屋から東へ向かうと宝永火口へも行けますが、今回は山頂を目指します。六合目から七合目付近は日沢から噴出した火山砂礫・火山灰からできているため、もろく、歩きにくいという難点があります。一歩踏み出しても半歩下がってしまうことが多いかもしれませんが、焦らずにゆっくりと登りましょう。

六合目から砂礫の中を歩いて登り、七合目を通る頃には標高3 000 mを越えます。八合目の山小屋がすぐ上に見える場所までくると、火山砂礫の大地からアグルチネートの大地に移り変わっているのに気付くと思います。このアグルチネートは数cm～10数cmのスコリアどうしが粘着してできています。スコリアの大多数は赤褐色をしているため、大地全体が赤茶けて見えます。赤茶けているのは、噴火したマグマが数100℃の高温状態のときに大気と触れ、鉄分が酸化したことを示しています。これを"高温酸化"と呼びます。鉄釘を長時間放置しておくと、さびて赤くなるのと同じ原理です。このアグルチネートは約2 200年前に山頂から噴火したマグマが降り積もって形成されたものです。この噴火は新富士火山の噴火史上、最後にして最大の山頂噴火であり、噴出物は"湯船第2スコリア"と呼ばれています。富士山の2 500 m以上の地域で表

層に見られる赤茶けたスコリアの大多数は湯船第2スコリアであり、3000 m 以上の場所では溶結してアグルチネートとなっています。もろい火山砂礫に比べてアグルチネートは固結しているため、歩きやすく感じると思います。

　八合目の山小屋のすぐ上には鳥居があります。これは富士山の八合目以上が浅間大社の奥宮境内であり、その入り口を示すものです。鳥居をくぐり、九合目付近に来ると勾配がきつくなってきます。九合五尺より上の斜度は30°近くあり、"胸突き八丁"と呼ばれるように、登りが大変になってきます。やがて頂上直下の鳥居をくぐり、浅間大社奥宮へたどり着きます。なお、頂上直下の鳥居は12年に1度の申年に岩淵（現在の富士市富士川）の住民が奉納しているものです。鳥居から南を眺めると宝永山や宝永火口を望むことができます（**図 B-7**）。

図 B-7 山頂から南斜面を遠望。宝永山、宝永第2、3火口が見える。

1-3 御鉢めぐり

　頂上の火口を一周する"御鉢めぐり"をしてみましょう（**図 B-8**）。火口の直径は約600 m であり、一周するのに1時間40分ほどかかります。まず、頂上郵便局と頂上富士館の間を通って西に歩いていくと、三島岳が左側に、火口が右側に見えてきます。火口壁には複数の地層を観察することができます。こ

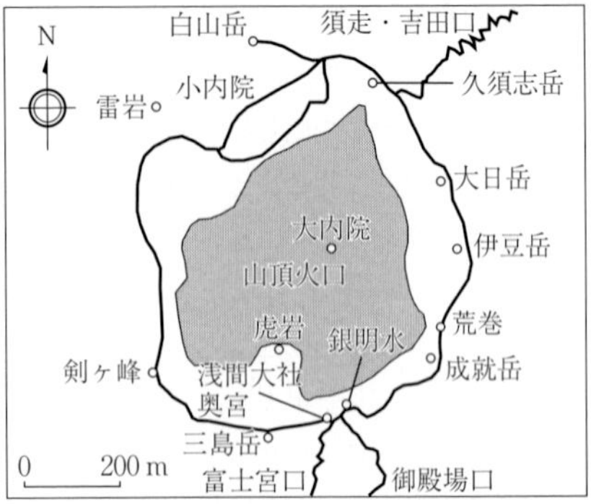

図 B-8 富士山頂の御鉢めぐりルート図

れらは約3000年前から2200年前までの間に山頂から繰り返し噴出されたスコリアの地層です。噴火は少なくとも10数回にわたって起こりました。最上位の赤茶けた地層は2200年前に噴出した湯船第2スコリアであり，強溶結しています。これら地層を観察し，富士山が少しずつ高くなっていったことを理解しましょう。

火口の観察後は剣ヶ峰を目指して登っていきますが，勾配がきついので，気をつけて登りましょう。20分ほどで日本最高峰の剣ヶ峰（3775.6 m）へと到着します。ここには富士山測候所がありますが，かつては白いレーダードームもありました。剣ヶ峰から下って，大内院と小内院の間を抜けて歩いていくと，第2の高峰白山岳（3756 m）の横にたどり着きます。白山岳まで往復するのもよいでしょう。その後，大日岳と伊豆岳の東側を通過して南下します。伊豆岳と成就岳の間の鞍部には"荒巻"と呼ばれる地点があります（図B-8）。ここは昭和30年代まで地熱があった地点です。1954年（昭和29年）頃，地熱の温度は50℃程度であり，戦前は蒸気を吹き上げていたといわれています。大正時代には地熱の温度は80℃もあったという記録があり，時代をさかのぼるにつれて温度が高かったことがわかります。

成就岳を迂回して下っていくと銀名水井戸と御殿場口にたどり着きます。御殿場口を下山する方法もありますが，少し登って浅間大社奥宮に戻って一周してみましょう。そして登ってきた富士宮口から下山してみましょう。約2時間半で新五合目まで到達できます。

2. 宝永火口と宝永山

宝永噴火は1707年12月16日午前10時頃から1708年1月1日未明まで約16日間続きました。この噴火により富士山南東斜面には宝永山と三つの火口ができました（**図B-9**, **図B-10**）。3つの火口は山頂側から順番に宝永第1, 2, 3火口と呼ばれています。噴火はまず第3火口で始まり, つぎに第2火口, 最後に第1火口で起こりました。この噴火では"宝永スコリア"と呼ばれる火山砂礫や火山灰を噴出しました。溶岩の流出はありませんでした。

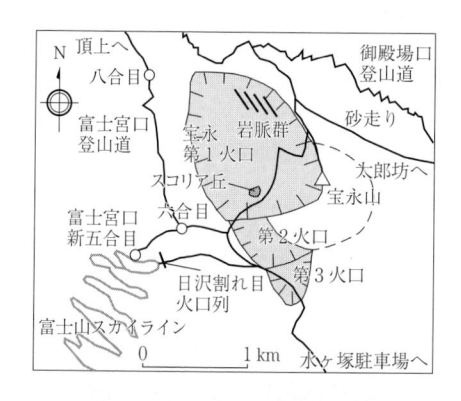

図B-9 富士宮口新五合目から宝永火口, 宝永山までの登山ルート図

図B-10 水ヶ塚駐車場から見た富士山（中腹に宝永火口と宝永山が見える）

噴出物が積もった地層（宝永スコリア層）は化学組成や気泡量の違いによってⅠ〜Ⅳの4層に区分できます（**図B-11**）。地層の下位が初期の噴出物であり, 上ほど後に堆積したものです。Ⅰ〜Ⅱは宝永第2, 3火口から, Ⅲ〜Ⅳは第1火口から噴出したようです。噴火は活発化と沈静化を繰り返し, 16日間

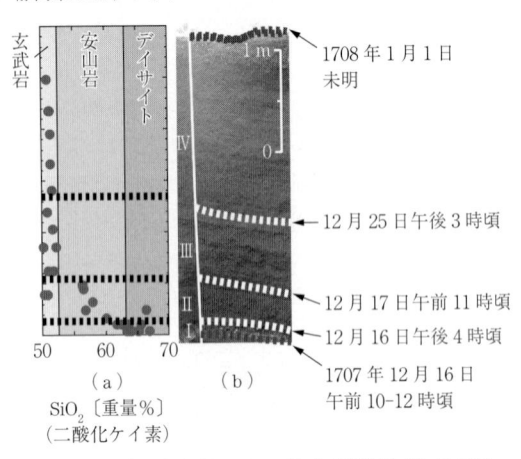

図 **B-11** 火口から東へ 12 km 地点（御殿場市）に堆積した各層の二酸化ケイ素組成（a）と宝永噴出物の写真（b）。各層の特徴はつぎの通り（宮地，1984）。Ⅰ：白くて気泡に富むデイサイト，Ⅱ：真っ黒で緻密な安山岩，Ⅲ：黒くて気泡量が中程度の玄武岩，Ⅳ：黒くて気泡に富む玄武岩。

で約 $0.7 \, km^3$（東京ドーム約 560 杯分）のマグマを噴出しました。噴火が最も活発だったのは最初の 2 日間で，その後の 1 週間は小規模な噴火が断続的に続いた後，12 月 25 日からの 3 日間に噴火が再活発化しました。ここでは富士宮口から東へ向かうと到達できる宝永火口と宝永山の紹介を行います。

〔**みどころ**〕 宝永の噴出物，宝永火口，岩脈群，宝永山の赤岩，砂走り，スコリア層

〔**交通**〕 富士宮口新五合目行きのバスは富士宮駅，富士駅，新富士駅，三島駅から出ています。富士宮口から約 1 時間半，三島駅から約 2 時間かかります。太郎坊からは御殿場駅行きのバスが出ており，45 分程度で到着します。

〔**地形図**〕 5 万分の 1「富士山」・「富士宮」・「御殿場」・「山中湖」

2-1　富士宮口新五合目から宝永火口へ

新五合目駐車場の東端から樹林帯を通って宝永第 2 火口の縁に到達するルートを紹介します。駐車場から遊歩道に入って少し行くと，日沢割れ目火口列と

火口列から噴出した溶岩が現れます（図B-9）。火口列沿いにはガサガサのアグルチネートやスコリアが存在しています。アグルチネートと溶岩を観察したら，樹林帯を散策しながら遊歩道を東へ向かいましょう。このあたりにはカラマツ，ナナカマド，ダケカンバ，ウラジロモミなどが見られます。20分ほどで宝永火口へ到達します。

宝永火口の縁に着いたら第2，3火口の形を観察しましょう。第2火口が第3火口の輪郭を崩していることがわかると思います（図B-9）。この観察により，第3火口からの噴火よりも第2火口からの噴火のほうが後であったことがわかります。第2火口と第3火口の長径はともに約600mです。

ここから下って第3火口の火口底を通り，水ヶ塚駐車場へ行くことができます（図B-9）。第3火口の周辺は"御殿庭"と呼ばれる大自然の庭園であり，秋にはコケモモの赤い実を沢山見ることができます。しかし，今回は第2火口の縁沿いを北に登りましょう。15分ほどで第1火口と第2火口の境界へ到達します。ここで第1，2火口の形についても観察をしてみましょう。第1火口は第2火口の輪郭を崩しているため，第1火口のほうが新しいことがわかります。第1，2火口の縁では足下のスコリアや岩片を観察してみましょう。黒～灰色のスコリア・岩片に混じって白い結晶質の"斑れい岩"岩片がまれに存在します。斑れい岩は黒色岩片の中に包まれていることもあります。この斑れい岩は富士山地下のマグマだまりの一部が固化したものと考えられています。宝永噴火のマグマが上昇する際，固化したマグマだまりを取り込み，地表まで運んできたようです。この斑れい岩のような岩片を"捕獲岩"と呼びます。

つぎに第1火口底に降りてみましょう。第1火口は三つの宝永火口の中では最大で，長径が1300m，短径が1100mもあり，山頂火口よりも大きいことが知られています。火口底ではさまざまな火山弾を観察できます（**図B-12**）。火山弾とは火口から勢いよく飛び出したマグマが，空中を飛んでいる間に冷え

図B-12 宝永第1火口底で見られる火山弾

固まった塊です。空中を飛ぶ速さ，マグマの粘性，水蒸気量の違いによってさまざまな形になります。外形の違いにより紡錘状，リボン状，牛糞状などの名前が付けられています。散在している火山弾に名前を付けてみましょう。火口底の中央部には直径約 150 m，高さ約 15 m のスコリア丘があります（図 B-9）。スコリア丘の北側は崩壊して崖となっており，この地形は宝永噴火の最後の爆発によりつくられたと推定されています。この理由は宝永噴火が 1708 年 1 月 1 日未明の爆発音を最後に終了しているからです。

2-2 宝永火口から宝永山へ

宝永第 1 火口底からは火口壁につくられたジグザグ道を通って宝永山へ登ることができます。道は急勾配の砂礫大地なので気を付けて歩きましょう。急勾配を歩いている途中，宝永第 1 火口の北壁に岩脈群を観察することができます（**図 B-13**）。この岩脈群は上昇中のマグマが板状に固化したものであり，マグマが山頂火口から噴出した際の地下の通り道だったと考えられています。宝永第 1 火口が開いたため，地下の岩脈が地表に露出し観察できるようになりました。

火口底から小 1 時間の登山で宝永山へ到着します。宝永山（2 694 m）は古富士火山の山体が宝永噴火によって押し上げられた丘です。宝永山の南東側に回ってみると，山体の一部が崩壊して，赤褐色の地層が露出しているのを確認することができます。この赤褐色層が赤岩と呼ばれる古富士の地層です（**図 B-14**）。宝永第 2，3 火口の火口縁は宝永山によって変形されており，宝永山の一部は宝永第 1 火口によってえぐり取られています（図 B-9）。このため，宝永山は第 2 火口形成後，第 1 火口形成前に盛り上がったと推定できます。

図 B-13 宝永第 1 火口の北壁に見られる岩脈群

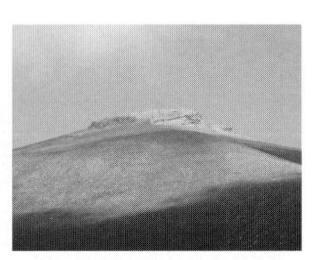

図 B-14 宝永第 3 火口から見上げた宝永山（頂上部が赤岩）

2-3 砂走りを通って太郎坊へ

宝永山からは，もと来た道を少し戻り，御殿場口下山道である"砂走り"へ抜けることができます（図B-9）。砂走りは宝永噴火の際に多量の火山砂礫が降り積もってできた火山荒原であり（**図 B-15**），歩くたびに足首まで沈み込みながら下っていきます。天気のよい日は箱根や駿河湾を一望しながら下山することができます。

2時間ほど砂走りを下ると太郎坊へ到着します（**図 B-16**）。一番高い位置にある駐車場が第1駐車場であり，この西脇に"太郎坊の露頭"があります。ここは融雪雪崩によって削り取られた20 m程度の深さの谷です（**図 B-17**）。こ

図 B-15 御殿場口下山道の砂走り

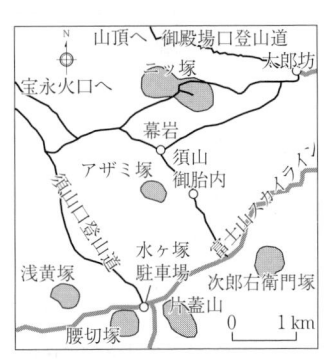

図 B-16 富士山南東部の太郎坊から水ヶ塚駐車場までの散策ルートと側火山の分布図

図 B-17 太郎坊の露頭

の谷は富士山を研究する地質学者には最もよく知られた場所であり，海外からの研究者もたびたび訪れます。富士山南東側の火山噴出物を観察できる最も重要な模式地であり，過去1万年間に活動した新富士火山の火山砂礫・火山灰層の大部分を観察することができます。最近は露頭の崩壊により下部の地層を観察することが難しくなってきていますが，上部の三つの地層は容易に確認できます（図B-17）。最上位が宝永スコリアであり，白いデイサイト質の軽石層の上を黒い玄武岩〜安山岩質のスコリアがおおっています。宝永スコリア層の下にはスコリア混じりの茶褐色土壌を挟んで黒色の二ッ塚スコリアが存在します。これは太郎坊から約2km西の二ッ塚から噴出したスコリアが積もった地層です（図B-16）。さらにその下にはスコリア混じりの茶褐色土壌を挟んで湯船第2スコリアが堆積しています（図B-17）。

3. 中腹の側火山と火山噴出物

　富士山には山頂火口のほかにも山腹に火口が存在し，"側火山"と呼ばれています（**図B-18**）。側火山の多くは山頂を通る北西 - 南東方向の狭い領域に分布しています。宝永の三つの火口もこの方向に配列しています（図B-9）。これは伊豆半島をのせたフィリピン海プレートが陸側プレートを押している方向に一致しています。伊豆半島に押されることにより生じた割れ目に沿ってマグマが上昇しているようです。このことは栗を割るとき，押した方向へ割れることを思い浮かべると理解できます（図B-18）。これまでに富士山の側火山は60〜70個ほどが発見されましたが，最近，側火山としては数えられていなかった不動沢や日沢などの噴火割れ目火口列も発見されてきました（図B-5）。また，一度の噴火で複数の側火山からマグマが噴出していたこともわかってきました。一度の噴火で生じた側火山は一列に割れ目火口を形成しています。

　ここでは静岡県側の側火山が集中している南東中腹を散策します。そして，この散策により観察できる地形・地質を紹介します。

〔**みどころ**〕　二ッ塚，幕岩の溶岩流とスコリア層，須山胎内，アザミ塚，浅黄塚，腰切塚，東臼塚，片蓋山

〔**交通**〕　太郎坊行きのバスは御殿場駅から出ており，45分程度で到着しま

す。水ヶ塚駐車場からはバスで三島駅まで行けますが、マイカーも便利です。

〔地形図〕 5万分の1「御殿場」・「山中湖」

3-1 太郎坊から幕岩へ

太郎坊の第1駐車場から火山荒原を西北へ歩いていくと、幕岩遊歩道の入口に到着します。ここから樹林帯を通って幕岩まで散策してみましょう。ルートには二ッ塚の鞍部を通るコースと南を通るコースがありますが、今回は二ッ塚鞍部を通ってみましょう（図B-16）。火山荒原ではオンタデやフジアザミを、樹林帯ではカラマツ、シラビソ、ダケカンバ、ナナカマド、ウラジロモミなどが観察

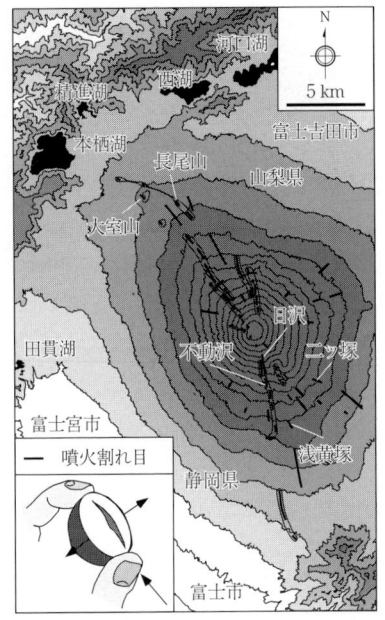

図 B-18 側火山の分布
（荒牧ほか，2007を改変）

できます。1時間ほどの散策で二ッ塚の鞍部に到着します。名前のとおり、二ッ塚は二つのスコリア丘からなっており、南東側のスコリア丘へは登頂することができます。二ッ塚の噴火年代は約2000年前と推定されています。

二ッ塚鞍部から西へ進むと30分ほどで砂沢と呼ばれる沢に突き当たります。砂沢沿いに南へ下ると幕岩へ到着します。幕岩は約1万年前から4000年前の間に噴火した新富士火山の数枚の溶岩流が重なった崖です。溶岩流境界はガサガサになっています。これはクリンカーと呼ばれ、1000℃を超える溶岩流の上下が急に冷やされることによって破砕されたものです。クリンカー層の数を数えて、全部で何枚の溶岩流が積み重なっているか推定してみましょう。また、幕岩の西脇の崖を観察してみましょう。湯船第2スコリア、砂沢スコリアなどの数枚のスコリア層を確認できるはずです（**図 B-19**）。

64   Ⅱ. 静岡県の地学めぐり

湯船第2 （YU-2：2 200年前）
砂沢　　（Zn：2 800年前）

図 B-19　幕岩の西崖で見られるスコリア層

3-2　幕岩から水ヶ塚駐車場へ

　幕岩から砂沢沿いの遊歩道を南下すると，右手に側火山の一つであるアザミ塚が見えてきます（図B-16）。これは新富士火山の中では最も古い火口の一つと考えられています。さらに南下すると須山御胎内と呼ばれる洞窟に到着します。この洞窟を形成する溶岩流の年代は1030～1230年と推定され，これは現在得られている富士山溶岩の年代値の中で最も新しい値です。須山御胎内から南下すると間もなく富士山スカイラインへ到達します。スカイライン沿いに西へ向かうと水ヶ塚駐車場があります（図B-16）。

　水ヶ塚駐車場のすぐ西には腰切塚と呼ばれる側火山が存在します。この側火山の噴火年代は約3 400年前と推定されています。腰切塚に登山してみましょう。頂上からは視界360°に富士山南東部の側火山を観察することができ，北西の浅黄塚,南東の東白塚,南東の西黒塚,東の片蓋山などを観察しましょう。

4．東麓—三島から御殿場へ—

　約1万1千年前に富士山の南東斜面に噴出した三島溶岩流は，黄瀬川沿いに30 km以上も流れ下り，風穴や滝などの自然景観をつくりだしました。三島駅北口にある2 mほどの崖は三島溶岩流です（**図 B-20**）。噴出量は4 km³（東京ドーム約3 200杯分）と見積もられており，新富士火山の活動としては最大規模です。三島市や沼津市には富士山に降った雨や雪解け水が伏流水として大量に流出していますが，この水は三島溶岩流の中に発達している割れ目を伝わって流れたものと考えられています。

ここでは三島溶岩流がつくった富士山東麓の火山地形と湧水を紹介します。

〔みどころ〕 三島駅北口の三島溶岩，五竜ノ滝，屏風岩，駒門風穴，印野の御胎内，柿田川

〔交通〕 五竜ノ滝や屏風岩へは裾野駅から徒歩で行けます。駒門風穴と印野の御胎内へはマイカーが便利です。柿田川へは三島駅から路線バスが出ています。

〔地形図〕 5万分の1「御殿場」・「沼津」

図 B-20 三島駅北口で見られる三島溶岩

4-1 五竜ノ滝

裾野駅から北へ1.2 kmほど行くと五竜ノ滝に到着します（**図 B-21**）。この滝は三島溶岩流がつくった地形です。五竜ノ滝の名のとおり，5条に分かれています。それぞれは主流の3本の雄滝と支流の2本の雌滝に分かれています。1本1本の滝にもそれぞれ名前が付いており，雄滝は左から，雪解，富士見，月見，と名付けられています（**図 B-22**）。雌滝のほうは，左に銚子，右に狭衣が配置しています。滝の下流の川原を見学してみましょう。この溶岩流の表面地形はパホイホイと呼ばれ，表面がつるつるしているという特徴をもちます。

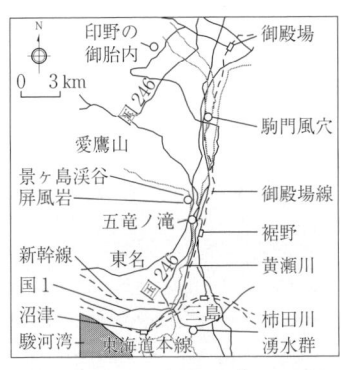

図 B-21 富士山東麓の巡検ルート図

図 B-22 五竜ノ滝。ここでは3本の雄滝が観察できる。2本の雌滝は右側の林の中に隠れている。

富士山の他の玄武岩質溶岩も含め，日本の火山から噴出した溶岩流の大多数はアア溶岩と呼ばれるゴツゴツした表面地形をもつことから，この表面地形は珍しいといえます。これは静岡県指定文化財となっています。

4-2 屏風岩

五竜ノ滝から北西へ向かいます。東名高速のガード下を抜けたら，北上し，2kmほど行くと景ヶ島渓谷へ到着します（図B-21）。これは黄瀬川の支流である佐野川に沿って800mにわたり続いている峡谷です。渓谷の上流部は主に5～15cm程度の角礫からなる火山角礫岩によって構成されており，川に侵食されてさまざまな奇岩を形成しています。渓谷の下流は溶岩流に漸移しており，最下流には屏風岩と名付けられた溶岩流地形が発達しています（**図B-23**）。これは柱状節理と呼ばれ，溶岩流が冷え固まる際に収縮してできた地形です。冷却面である上下方向に対して垂直に規則正しい割れ目が生じる

図B-23 柱状節理が見事な屏風岩

ため，縦の割れ目が発達しています。各割れ目は120°の角度で交わるため，柱状節理の多くは六角形をしています。

4-3 駒門風穴

屏風岩から6kmほど北上すると駒門風穴に到着します（図B-21）。これは三島溶岩流の内部に発達した風穴です。国の天然記念物に指定されています（**図B-24**）。富士山周辺には同様の風穴が無数にあります。これら風穴はつぎのように形成されます（**図B-25**）。溶岩流の表面は地面や空気によって冷やされて固まりますが，中身はドロドロのままです。ドロドロの溶岩が先端などから流れ出してしまうと空洞が残ります。この空洞を"溶岩トンネル"といい，あとから

図B-24 駒門風穴の入口

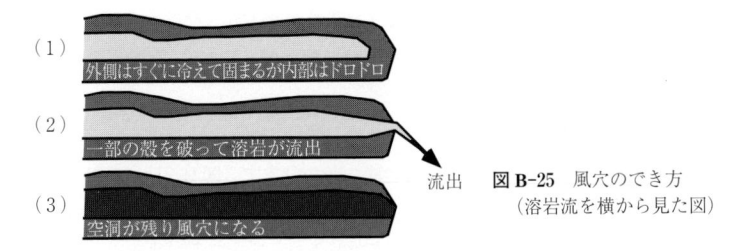

(1) 外側はすぐに冷えて固まるが内部はドロドロ

(2) 一部の殻を破って溶岩が流出

(3) 空洞が残り風穴になる

流出　**図 B-25**　風穴のでき方
（溶岩流を横から見た図）

流れてくる溶岩がこのトンネルを使うとなかなか冷え固まらないので，ずっと遠くまで流れることができます。火山活動が終わった後，とり残された溶岩トンネルの中で大きなものを風穴といいます。

駒門風穴の幅は数 m 〜 20 m，高さは 1.7 〜 10 m ほどあります。内部は本穴および枝穴の二つに分かれていて，本穴は入り口より 291 m，枝穴は分岐点より 110 m ほど続いています。分岐点から枝穴へ入った地点の下面には"溶岩じわ"と呼ばれる表面地形が確認されます。これは溶岩流表面に形成された波紋がそのまま固化したものです。溶岩トンネルの内部をマグマが流れ去った後，天井に残っていたマグマの滴が垂れ下がり，指の形に固まったものを"溶岩鍾乳石"と呼びます。多量の滴が床に垂れてできたものを"溶岩石筍"と呼びます。駒門風穴の中で溶岩鍾乳石と溶岩石筍を探してみましょう。

4-4　印野の御胎内

駒門風穴から北東へ 6 km ほどの地点に印野の御胎内があります（**図 B-21**，**図 B-26**）。これは溶岩風穴と溶岩樹形が組み合わさってできたものです。溶岩樹形とは溶岩流が大木を飲み込み，木は焼けてなくなり，その後にできた空洞です。複数の巨木が横倒しに積み重なって形成されたため，入口から出口まで一周することができます。懐中電灯やローソクの灯りをたよりに一周 155 m を探索してみましょう。内部には肋骨のような壁面を見ることができますが，これは樹木が燃える際，溶岩が再び溶けて垂れ下がった後です。幹の割れ目や年輪のすきまにマグマが

図 B-26　印野の御胎内の入口

しみ込んで固まったため，押し型のように木目の形が残っている部分もあります。観察が終わったら三島駅まで戻りましょう。

4-5 柿 田 川

三島駅から路線バスにて柿田川湧水群へ向かいます（図 B-21）。柿田川は国道1号線のすぐ南側の湧水から狩野川へ合流するまでのわずか1.2 kmの川ですが，1日あたり100万トンを超える水が湧きだして流れています。湧水部では砂を巻き上げて地下水が湧き出ていることを観察できます（図 B-27）。水温は14〜15℃です。この地点は三島溶岩流の末端に位置することから，富士山南東斜面に降った雨や雪解け水が溶岩流のすきまに蓄えられて地下水となり，これが湧き出たものと考えられています。また箱根山西側や愛鷹山東側斜面に降った雨水も三島溶岩流のすきまを通ってこの地点に湧き出ているようです。川底にはミシマバイカモやフサモなどを観察できます。

図 B-27 柿田川湧水群。左端と中央右端の2ヵ所から湧水を噴き出している（撮影：藤川格司（富士常葉大学））。

5. 西麓—浅間大社から朝霧高原へ—

西麓の富士宮市中心部には"富士山本宮浅間大社"が存在します。これは日本全国に1300余りある浅間神社の総本宮であり，紀元前27年の創建以来，富士山信仰の中心として位置付けられてきました。そのため，古来，浅間大社を中心とした富士山西麓は門前町として栄えてきました。また湧玉池や猪之頭湧水群から湧き出る豊富な水と，朝霧高原まで続く広大な大地のおかげで，農業や酪農が盛んに行われてきた地域でもあります。さらに白糸の滝や田貫湖などの風光明媚な場所が多数存在するため，富士山観光の一大スポットとなっています。以上のような特徴だけでなく，西麓は，富士山の地質を知るうえでも重要な地域です。この理由は古富士火山の地層を観察できる場所だからです。

ここでは西麓に存在する湧水や滝の紹介を行い，そこで見られる地形・地質

B. 富士山とその周辺　69

を解説します。

〔**みどころ**〕　湧玉池，白糸の滝，田貫湖と小田貫湿原，猪之頭湧水群，滝で見られる古富士泥流堆積物

〔**交通**〕　湧玉池へは富士宮駅から徒歩で行けます。白糸の滝，田貫湖，猪之頭へは富士宮駅から路線バスが出ています。

〔**地形図**〕　5万分の1「富士宮」・「富士山」

5-1　湧　玉　池

富士宮駅から2kmほど北西の市街地に富士山本宮浅間大社があります（**図 B-28**）。湧玉池は浅間大社の境内東側に存在します（**図 B-29**）。池の北側の崖や池底から玉が湧き出るように水が湧出していることから，この名前が付いたといわれています。この池は上池と下池から構成されており，面積は2500m^{2}ほどあります。四季を通じて水温は約14℃で一定しており，ニジマスやコイが生息しています。現在の湧水量は年間平均が1日に20万トンで安定していますが，1965年当時は日量30万トン，1955年当時は日量40万トンという記録が残っています。湧玉池から湧き出た水は神田川として流れ，潤井川へと注ぎ込んでいます。

池の基盤および北の崖を構成するのは万野溶岩流と呼ばれる新富士火山の噴出物です。この溶岩流は約1万年前に噴出し，現在の富士宮市全体に広がって

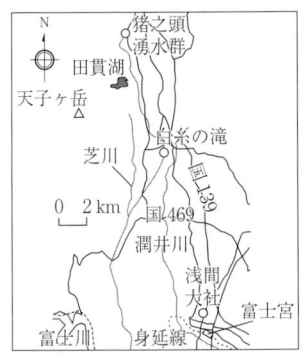

図 B-28　富士山西麓の巡検ルート図

図 B-29　湧玉池上池

います。万野溶岩流は多数の溶岩シートが重なってできているため，シート間のクリンカーがいくつも発達しており，すきまが多いという特徴をもちます。またよく発泡しているため，シート内部にも多数のすきまが存在します。このため，雨や雪解け水を溶岩流内部に地下水として多量に蓄えます。地下水は溶岩のすきまを通ることによりろ過され，流れ下り，溶岩流の末端付近の湧玉池で清水として湧き出ています。

5-2 白糸の滝

富士宮駅から北へ 13 km ほどの地点に白糸の滝があります（図 B-28）。この滝は U 字形にえぐられた滝壺とそれに続く峡谷からなります。高さ 20 〜 25 m，幅 120 m 以上にわたって水が落下しています。何 100 条の白糸が垂れているように美しい景観を見せるため，"白糸の滝"の名が付けられたといわれています（図 B-30）。

図 B-30 白糸の滝

美しい景観もさることながら，白糸の滝では富士火山の噴火史を知るうえで重要な地層を観察できます。滝壺から滝の崖を眺めると，垂直壁の下部はごつごつした岩片が火山灰や粘土に固められた地層を確認できます。一方，上部の約 5 m は縦の割れ目が発達した塊状の溶岩層です。前者は古富士泥流堆積物，後者は白糸溶岩流と呼ばれる地層です。古富士泥流堆積物とは，約 2 〜 5 万年前に富士山体が崩れた土砂が堆積した古富士火山の堆積物です。一方，白糸溶岩流は約 1 万 4 千年前に噴火した複数枚のシート状溶岩が積み重なった地層で，新富士火山の溶岩です。このように白糸の滝では古富士火山の上位に新富士火山の溶岩がのっているのが観察できます。

滝をつくる崖下部の古富士泥流堆積物は，生地が緻密な不透水層であるのに対して，上部の白糸溶岩流はクリンカーおよび柱状節理が発達した透水層です。したがって，富士山麓に降った雨水は上部の溶岩流を貫通して古富士泥流

堆積物と溶岩流層の境界を流れ下っています。実際，白糸の滝では両層の境界付近から多量の水が湧き出しているのを観察できます。また，白糸溶岩流の層境界や柱状節理の割れ目からも水が噴き出していることが確認できます。湧水の水温は平均13℃，水量は日量13万トンと見積もられています。

5-3　田貫湖と小田貫湿原

　白糸の滝から北西へ6 kmほどの地点に田貫湖があります（図B-28）。田貫湖は天子山地と富士火山の境界に存在する面積32 haの人工湖です。湖底および周辺の地形をつくるのは，"田貫湖岩屑なだれ堆積物"と呼ばれる古富士泥流堆積物の一つです。この堆積物は約2万年前に富士山体が崩れた土砂からなり，田貫湖周辺から富士宮市の東部地域までの約150 km^{2}以上にわたり広く分布しています。これの形成時期が新富士火山と古富士火山の境界であるため，この堆積物は富士山の形成史を知るうえで重要な地層です。

　明治以前，この地域は狸沼と呼ばれる湿地帯でしたが，昭和初期には水が枯渇しかけていたようです。これを1935年に農業用水の貯水池とするため，人工湖をつくり，田貫湖と呼ぶようになりました。

　湖面の向こう側に望む富士山が絶景のため，西湖畔にはキャンプ施設やホテルが整備され，観光地化が進んでいます（図B-31）。観光客が最もにぎわうのは，田貫湖を挟んで富士山の山頂から太陽が昇る4月20日・8月20日ごろです。富士山頂から太陽が出る瞬間，まるでダイヤモンドが光り輝くような光彩が見られることがあります。これを"ダイヤモンド富士"と呼びます。そのダイヤモンド富士が，手前の湖面に映って輝く"ダブルダイヤモンド富士"を見ることができるのがこの時期です。

図 B-31　田貫湖と富士山　　　　図 B-32　小田貫湿原と富士山

田貫湖の湖畔から北東へ歩いていくと、小田貫湿原に到達します（**図 B-32**）。この湿原は東西に延びており、面積は約2 haです。田貫湖と同様に田貫湖岩屑なだれ堆積物の上に形成されています。木道が整備されているので、湿原の中を散策してみましょう。

5-4 猪之頭湧水群

田貫湖から約3 km北に猪之頭湧水群があります（図B-28）。こちらにはさまざまな場所から豊富な湧水が湧き出ており、昔より集落が存在しました（図

図 B-33 猪之頭湧水群の一つ。中央上部の穴から湧水が湧き出ている。この地点は日量約1万4千トン（年平均）の湧水量がある。

図 B-34 陣馬の滝で見られる古富士泥流堆積物と新富士溶岩流の境界

B-33)。これが猪之頭集落です。ここでは豊富な湧水を使用してのニジマス養殖や，わさび生産が行われています。湧水は不透水層である古富士泥流堆積物と，その上部の新富士溶岩流との境界が地表に露出する地点によく見られます。最もわかりやすいのは集落の西側に存在する陣馬の滝です。ここでは古富士泥流堆積物とその上の新富士溶岩流の間から水が湧き出ているのを観察できます（**図 B-34**）。陣馬の滝だけで，年平均で日量4万8千トンが湧き出ています。

引用・参考文献

1. 荒牧重雄・藤井敏嗣・中田節也・宮地直道 編（2007）：富士火山，山梨県環境科学研究所，pp. 1-490
2. 宮地直道（1984）：富士山1707年火砕物の降下に及ぼした風の影響，火山，**29**，pp. 17-30
3. 宮地直道（1988）：新富士火山の活動史，地質学雑誌，**94**，pp. 433-452
4. 津屋弘逵（1968）：富士山地質図（5万分の1），地質調査所，pp. 1-24
5. 津屋弘逵（1971）：富士山の地形・地質，富士山：富士山総合学術調査報告書，富士急行，pp. 1-127

（佐野　貴司）

C. 南部フォッサマグナと安倍川流域

1. 南部フォッサマグナと安倍川流域

日本列島の中央を横断する大地溝帯をフォッサマグナ（Fossa Magna）と呼んでいます。明治の初めに来日したドイツ人の地質学者ナウマンは，伊豆-小笠原弧が本州弧を横切るところに陥没地帯が形成されていると指摘して，これに大地溝の名を与え，フォッサマグナと呼ぶようになりました。

フォッサマグナには新第三系，第四系と火山岩類が分布して，その西縁をほぼ南北に通る断層が糸魚川-静岡構造線と呼ばれています。これより西側では古生層，中生層，花こう岩類，変成岩類が分布して，フォッサマグナの地層とは著しく異なります。しかし，実際には南部では糸魚川-静岡構造線は新第三紀の竜爪層群と静岡層群の間にあって，新第三紀の竜爪層群と古第三紀の瀬戸川層群の間には別の十枚山構造線が並行して走っています。そして，フォッサマグナはほぼ中央にある隆起帯を境に北部フォッサマグナと南部のフォッサマグナに分けられます。

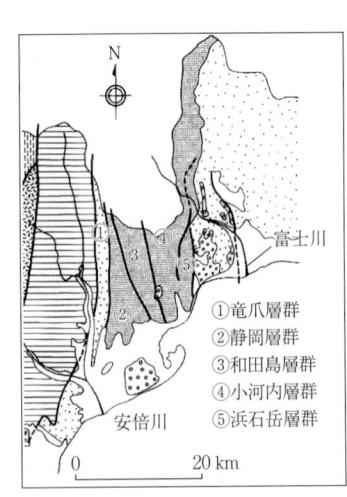

南部フォッサマグナには衝上断層が発達します。駿河湾沿岸地域の南部フォッサマグナでは中河内衝上断層，入山衝上断層などと呼ばれる南北性の並行する衝上断層群がありますが，東に行くほど活動の歴史は新しくなります。したがって，この地域は南北性の並行する断層群とそれに挟まれた地塊からなっています。各地塊の構造も全体として南北性の軸をもつ褶曲をして，西方の古い地層ほど強く変形しています（**図 C-1**）。

図 C-1 南部フォッサマグナと安倍川流域の地質図

① 竜爪層群
② 静岡層群
③ 和田島層群
④ 小河内層群
⑤ 浜石岳層群

C. 南部フォッサマグナと安倍川流域　75

　駿河湾沿岸の地塊は西から東へ，初期中新世（18〜16 Ma）の竜爪-高草山地塊，後期中新世（9〜6 Ma）の静岡-和田島地塊，鮮新世（5〜3 Ma）の小河内-浜石岳地塊，更新世（0.9〜0.3 Ma）の蒲原-鷺ノ田地塊がつぎつぎとつけ加えられるようにして形成されたと考えることができます。これらの岩石は火山岩，砂岩泥岩互層，礫岩と多種多様ですが，挟まれる泥岩中の浮遊性有孔虫は豊富で，外洋水の影響が著しい環境を示し，礫は円磨度，分級度ともに高く，内湾や浅海の堆積とは考えられません。現在の駿河湾奥部や駿河トラフの底にはシルトと円礫が多量に堆積しているので，陸上の礫岩もこれと同じような環境が考えられます。更新世後期の鷺ノ田礫層になって初めて河成礫が堆積しています。このことは，フィリピン海プレートが駿河トラフで北西方へ沈み込むのに伴って，付加体が褶曲しつつ衝上断層を伴いながらつぎつぎと形成されて，さらに押し続けていると考えることができます。

　入山衝上断層は，その東側にある蒲原礫層や鷺ノ田礫層を著しく褶曲させて礫を破断しています。礫の破断は圧縮に対する引っ張りの方向に割れやすいと思われ，蒲原礫層に見られる南ないし南南西の礫の破断は断層の最大主応力の場が西北西-東南東方向であったことを表しています。

2. 富士川下流に沿って

　富士川下流一帯は新第三系の砂岩泥岩互層，更新世の厚い礫岩層，富士山の溶岩の一つ芝川溶岩に見られる柱状節理の露頭など多彩な地層が分布します。また断層のために急崖をつくる白鳥山を眺めると，大地震による過去の山崩れを思い起こさせます。

〔**みどころ**〕　河岸段丘，羽鮒丘陵，星山丘陵，古富士泥流，富士山芝川溶岩の柱状節理，白鳥山，蒲原礫岩層，浜石岳礫岩層など

〔**交通**〕　JR 身延線沼久保駅下車，富士市沼久保から富士川に沿って稲子まで歩きます（15 km）。帰りは稲子から JR 身延線を利用できます。

〔**地形図**〕　5万分の1「富士宮」

76　Ⅱ．静岡県の地学めぐり

3. 星山丘陵と羽鮒丘陵

　沼久保で富士川の河岸段丘を観察します。現在の川底から道路まで平坦面が何段かあります。これはかつての河床だったところで，何回も隆起があったためにこのような段状の地形をつくっています。南側には星山丘陵が，北側には羽鮒丘陵が標高 180 〜 260 m のやや平らな高台をつくっています（**図 C-2**）。第四紀更新世の厚い礫層からできていて，表層部に約 2 万年前の古富士泥流がのっています。古富士泥流は凝灰角礫岩層で，堆積面は富士山の斜面の下に隠れていることから考えると，この段丘の東側には大きな断層が推定されます。

　これが大宮断層と呼ばれたもので，富士川断層の北方延長とする考えもあり

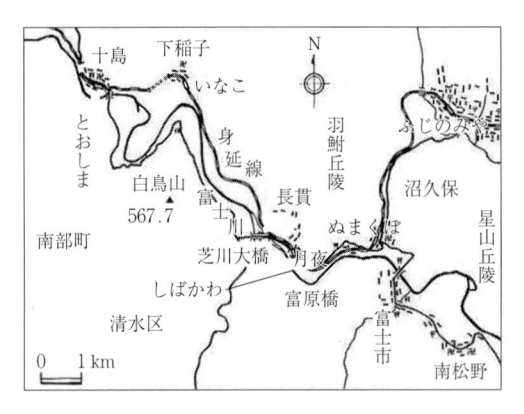

図 C-2　沼久保から十島までのルート図

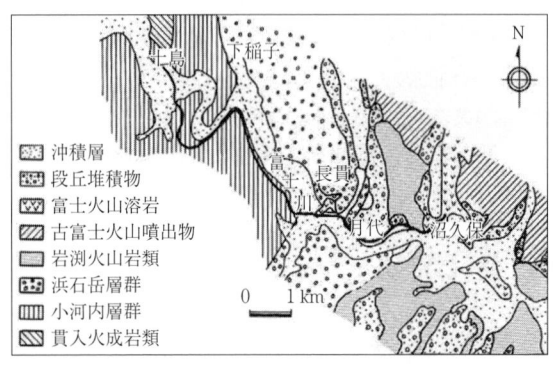

図 C-3　富士川下流周辺の地質図

凡例：
- 沖積層
- 段丘堆積物
- 富士火山溶岩
- 古富士火山噴出物
- 岩渕火山岩類
- 浜石岳層群
- 小河内層群
- 貫入火成岩類

C．南部フォッサマグナと安倍川流域　77

ます。また，付近の厚い礫岩層は富士川右岸に分布する蒲原礫岩層の続きです。蒲原礫岩層は蒲原北方に広く分布する更新世初期に堆積した地層で海成層と考えられています。礫の組成から，当時の富士川系河川によって運ばれた礫が海底に堆積したもので，円磨度，分級度ともに高く，厚さも250m以上あります（**図C-3**）。

4．月代の芝川溶岩柱状節理

富士川に沿って上流に進みます。月代の富士川左岸で富士山芝川溶岩の柱状節理が見られます（**図C-4**）。

芝川溶岩は富士山本体をつくる新富士旧期溶岩流の一つで，今から1万年ほど前に山頂付近から噴出し，ここでは芝川に沿って流れて南松野まで達しています。柱状節理は溶岩が冷却するに伴って，冷却面に直角に発達する割れ目で，ほぼ六角柱状の岩石が配列しているように見えます。富士山の溶岩に柱状節理ができるのは例が少ないようです。月代の柱状節理は1894年（明治27年）に出版された「日本風景論」にも紹介されています。

図C-4 富士川左岸にある月代の柱状節理

富士川左岸に沿って北に進みます。芝川大橋付近から四角錐型をした白鳥山が見えます。富士川側が平均傾斜40°と特に傾斜の急なことがわかります。白鳥山は新第三紀の小河内層群の続きの地層からなるとされています。宝永地震（1707年），安政地震（1854年）の2度にわたって，この急な崖が大崩壊しています。崩壊した土砂が富士川をせき止め，そのせきが切れたために土石流（山津波）が生じて下流で大災害が起こった記録が残っています。

5．白鳥山対岸の地層

白鳥山対岸の富士川左岸を歩きます。浜石岳層群の厚い礫岩層の露頭が見えます。礫の大きさ，形，種類，篩分けのされ方などを観察します（**図C-5**）。

図 C-5 浜石岳礫岩層の露頭

この露頭は一見ふぞろいな礫の集まりのように見えますが、よく見ると同じ大きさの礫が一定方向に並んでいるのがわかります。礫の間には泥質な部分も挟まれています。海に堆積した地層なので貝化石が入っていることもあります。有孔虫の化石が泥岩部分に含まれていることもあります。浜石岳層群は礫岩と火砕岩が多く、砂岩・泥岩を挟んでいる地層で鮮新世、300万年前に堆積したものです。

稲子で富士川は大きく屈曲します。この付近から新第三紀の小河内層群の地層が露出しますが、富士川沿いでは河川の護岸工事や、道路の側壁のコンクリート工事が行われていて露頭はよくありません。稲子川に沿って少し上流へ進むと露頭があります。岩石の硬さ、種類の観察をします。浜石岳層群よりずっと硬い岩石です。小河内層群は興津川河口から但沼、宍原へ南北に分布する砂岩泥岩の互層からなる地層を指します。地質時代は泥質部に含まれていた浮遊性有孔虫によって鮮新世の初め、500万年前頃に堆積したものであることがわかりました。

富士川は山梨県甲府盆地周辺の水系を集める笛吹川と赤石山地に発する釜無川とが甲府盆地西南端の鰍沢付近で合流して富士川となって、駿河湾に注ぎます。長さ128 km、流域面積3 990 km²の一級河川です。

6. 浜石岳―駿河湾一帯を眺める―

浜石岳は由比川と興津川に挟まれた南北性の山稜の主峰で標高707 m、海成の礫岩層からなり山には円礫が多く、浜石岳の名もここからきています。さえぎるものがない頂上から眺めると伊豆半島、駿河湾、富士山、南アルプスなど雄大な景色が広がります（**図 C-6**）。

〔**みどころ**〕 由比の地すべり地帯、海食崖、浜石岳礫岩層、小河内層群、興津川など

〔**交通**〕 JR東海道線の由比駅下車。ここから西山寺を経て浜石岳に登り、興津川側の但沼に下山します（10 km）。帰りは但沼からJR興津駅へバスの便

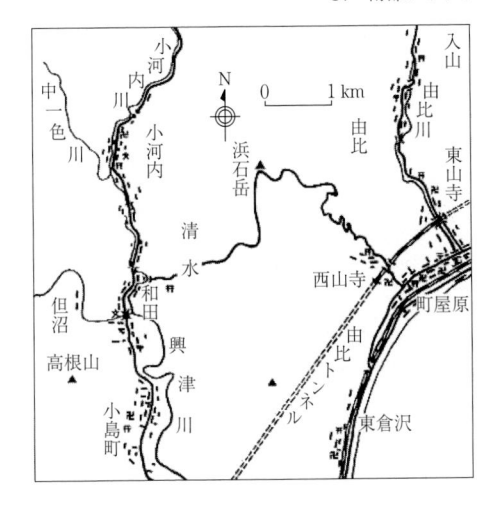

C. 南部フォッサマグナと安倍川流域　79

図 C-6 浜石岳を越えるルート図

があります。歩いても1時間くらいです。

〔地形図〕 5万分の1「吉原」

7. 由比の地すべり

　東海道線を由比駅で下車すると，すぐに由比の地すべり地帯と駿河湾が目に入ります（図C-7）。この地域に地すべりや土砂流出などが発生しやすいのは比高300〜500mに達する階段状の地すべり地形が発達することと末端に縄文時代の海食崖に由来する急斜面が連続していること，それにシルト岩層の上に厚い礫岩層がのっている地質学的な原因があげられます（表C-1）。この地域にはシルト岩を主とする鮮新世の

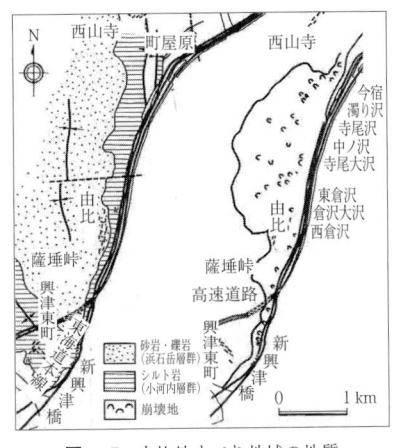

図 C-7 由比地すべり地域の地質および主な崩壊地の分布

表 C-1 由比の過去の災害

1858	安政5年6月	大雨	山崩れ	寺沢大沢, 西倉沢
1868	慶応4年5月	雨	山崩れ	西倉沢
1910	明治43年8月	台風	地すべり	西山寺
1922	大正11年8月	台風	山崩れ	濁り沢, 今宿, 西倉沢 (汽車, 国道不通)
1923	大正12年7月	豪雨	土砂流出	今宿, 西倉沢 (鉄道不通)
1923	大正12年9月	地震	地すべり	寺尾沢, 西山寺 (関東地震)
1924	大正13年9月	台風	土砂流出	濁り沢
1938	昭和13年6月	豪雨	土砂流出	今宿 (国道不通)
1938	昭和13年7月	低気圧	山崩れ	薩埵山下 (鉄道, 国道埋没)
1941	昭和16年7月	大雨	土砂流出	寺尾沢
1948	昭和23年6月	大雨	地すべり	寺尾沢
1948	昭和23年9月	台風	土砂流出	中ノ沢 (鉄道不通)
1950	昭和25年6月	大雨	地すべり	寺尾沢, 中ノ沢, 濁り沢, 風篠
1951	昭和26年6月	大雨	地すべり	寺尾沢, 中ノ沢, 濁り沢
1952	昭和27年3月	雨	山崩れ	今宿 (国鉄不通)
1955	昭和30年9月	大雨	土砂流出	西倉沢, 寺尾沢
1958	昭和33年7月	雨	土砂流出	濁り沢
1960	昭和35年8月	台風	土砂流出	中ノ沢
1961	昭和36年3月	雨	地すべり	寺尾沢 (国鉄, 国道不通)
1962	昭和37年6月	雨	山崩れ	東倉沢
1962	昭和37年8月	大雨	土砂流出	寺尾沢 (国道不通)
1964	昭和39年6月	豪雨	土砂流出	寺尾沢, 中ノ沢 (国鉄, 国道不通)
1971	昭和46年2月	雨	地すべり	寺尾沢, 濁り沢
1972	昭和47年2月	雨	地すべり	濁り沢, 風篠 (国鉄, 国道被害)
1972	昭和47年7月	雨	地すべり	濁り沢
1972	昭和47年9月	雨	山崩れ	今宿 (国鉄, 国道不通)
1974	昭和49年7月	豪雨	土砂流出	濁り沢, 寺尾大沢, 東倉沢, 西倉沢 (国鉄, 国道被害)
			地すべり	濁り沢, 寺尾沢

(静岡県気象災害誌・由比町誌による)

小河内層群が下位にあり,その上に礫岩の多い浜石岳層群がのっています。帰りに興津川に下りたとき,浜石岳礫岩層と小河内層群の露頭があります。下位の小河内層群は褶曲が著しく,ほぼ直立に近い構造をするところもあります。これに対して,浜石岳層群は緩やかに向斜構造をつくっています。このような違いをもつ両者が上下に重なって,ともに,南北性の軸をもった褶曲を受けているために構造は複雑です。しかも上位の礫岩は地下水をよく通し,礫岩特有の急な崖をつくります。下位のシルト岩は地下水による表面の侵食と粘土化が進みます。急崖上部から崩落した岩層は下位のシルト岩の斜面上に堆積する

C. 南部フォッサマグナと安倍川流域　81

と，岩屑とシルト岩の間に地すべり粘土がつくられます。これが地すべり面となって崩落するのです。

8. 浜石岳の頂上へ

旧道を東に進み約10分で西山寺入口に着きます。新幹線のガードを通れば間もなく浜石岳登山道入口に着きます。山の斜面はミカン畑，頂上近くはササと芝草におおわれ，露頭はよいとはいえません。礫岩の露頭がところどころあります（**図C-8**）。これが浜石岳をつくる浜石岳礫岩層です。

707mの浜石岳頂上は広々とした展望のところです。近くの富士山，愛鷹山，毛無山，安倍連山だけでなく，遠く南アルプスを望むこともできます。また足下の海岸線，駿河湾の向こうに見える伊豆半島などすばらしい景色です。帰りは，浜石岳の尾根を南に進み但沼に降りるコースとします。途中の沢には砂岩や礫岩が露出します。

図C-8 浜石岳礫岩層の露頭

9. 褶曲した小河内層群の露頭

興津川と小河内川の合流点近くの川底におりると，ほぼ直立した小河内層群が露出しています。シルト岩部分の多い砂岩シルト岩互層で褶曲構造とともに小さな断層も多く見られます。できれば，立花の近くのつり橋がかかっているところから川底に降ります。小河内層群の褶曲を観察する最適な場所です（**図C-9**）。小河内層群は泥質部分の多い砂岩泥岩互層を主とする地層ですが，泥質部分から産出した浮遊性有孔虫によって地質時代は新第三紀鮮新世，500万年前の堆積物であることがわかりました。

興津川は静岡市清水区と山梨県南巨摩郡南部町との境にある田代峠南斜面に源を発して，庵原山地を流れ，静岡市清水区興津の東で駿河湾に注ぎます。長さ27km，流域面積は126km^{2}です。清水地域の水源にもなっています。

図 C-9 興津川で見られる小河内層群の褶曲した地層

10. 安倍川上流―大谷崩れの土石流―

　静岡県には富士川，安倍川，大井川，天竜川などの大河川が南流していますが，それらは東海道式河川と呼ばれています。これは河川の勾配が大きく急流河川であること，多量の砂，礫を運搬して河口に三角州性扇状地を発達させること，洪水や氾濫が繰り返されたために治水工事も古くから行われたことなどの特色をもっています。流路の長さ 51 km の安倍川も砂礫を堆積させた広い河床をもち，河口付近まで礫の分布する河川ですが，それは流域の地質や地形と深いかかわりをもっています。

　源流部には日本三大崩れの一つといわれる"大谷崩れ"の大崩壊地があり，そこから多量の土砂が供給されてきました。源流部が年 3 000 mm の多雨地帯であるため，河川流量は多く，侵食作用による滝の形成や新期の段丘地形も発達させました。災害の発生頻度の高い地域ともいえます。

〔みどころ〕　山地の隆起と河川の下刻作用，急な山腹斜面，V字型の谷，大起伏山地の発達，梅ヶ島温泉，赤水滝，土石流堆積面，高位平坦面の集落や土地利用など

〔交通〕　静岡駅から梅ヶ島温泉に，しずてつジャストラインバスが1日に5往復。関の沢から新田付近まで8km歩きます（図 C-10）。

〔地形図〕　5万分の1「南部」

図 C-10　関の沢から新田までのルート図

C. 南部フォッサマグナと安倍川流域　83

11. 砂防ダム

　関の沢入口でバスを降り、県道に沿って北にコースをとると、まもなく安倍川本流をせき止めた金山砂防ダムが目に入ります。流路に沿って大川内ダム、金山ダム、孫佐島ダムなどが建設されていますが、これらの砂防ダムは上流から流出してきた土砂をせき止めて川の傾斜を緩くし、下流への土砂流出や河床上昇を防ぐとともに、川幅を広げることによって河川の側侵食を防ぎ、河岸の安定をはかる目的をもっています（**図C-11**）。貯留量66万m³の金山ダムは土砂で満杯になっています。金山トンネルを抜けると砂防堰提の上流部にあたりますが、広い河床は土砂で埋積され、人工化された河川景観の一つといえます。一般にダムを境にして上流部は堆積、下流部は洗掘という河床変動が見られます。これらのダムの構築については、安倍川支流の大谷川の源流に"大谷崩れ"という巨大な崩壊地があり、そこから流出、送流されてきた土砂が河川沿いに多量に堆積しており、それが下流に移動するのを防ぐための工事ですが、一般に上流に山崩れや裸地の面積の広い河川では山麓の固定とともにこのような改修が進められています。

図C-11　安倍川上流の砂防ダム

12. 赤　水　滝

　広い河床を過ぎ、樹林帯を抜けると孫佐島に着きます。この一帯の河川に沿う平担なやや広い地形が新期の河岸段丘の段丘面であり、上流から運ばれてきた土砂が谷底を埋めて形成したあとです（**図C-12**、**図C-13**）。そして流路に沿って上流からこの孫佐島のあたりまで3段に区分される段丘が分布してい

図 C-12 安倍川上流の段丘分布図　　**図 C-13** 安倍川上流の河岸段丘

す。上位面は大谷崩れから多量の土砂が土石流として流下してきたときの堆積物で，下位面はその後の河川の堆積によって形成された面ともいえます。テニスコートや梅園，遊歩道などの施設のあるところも段丘面にあたります。

　西に延びる尾根をめぐると赤水滝が見えてきます。河床の縦断面形をとったときに勾配の変化や断面に不連続性のある場合，それを遷急点と呼んでいますが，赤水滝はその一つです。安倍川の本流にかかる滝で落差約60 m，3段で落下しています。滝の水量は多く，特に降水時には流量が増加して懸濁物質も多くなるので河川の色が赤褐色となり，遠くから見ると赤い水が落下するように見えるので命名されたともいわれています。

　町田洋氏の調査によると，明治20年（1887年）の大雨で滝が出現し，そののち安倍川の洗掘が進んで滝の成長が続き，昭和10年代には下段の滝ができたといわれています。そして滝の高さも河床変動の調査結果によると，1939年から1955年までの16年間に8.5 m，そののち10年間でさらに4.3 m河床が低下したと推定されています。この河床低下の速度を平均すると毎年約50 cmの速度で滝が形成されたことになり，特殊な地形変化といえます。滝の上段は侵食されにくく，下段は侵食されやすい地層であったこと，旺盛な侵食

力，砂岩からなる基盤岩によって流路が固定されていたために集中的に下刻が働いたことなどのために，約100年の間に地形が変化した結果と見ることができます。滝の下流の段丘面と崖の配置を見ると，かつては東の方に大きく曲流していた流路でしたが次第に西に向かい，滝からの流水の力で直線的な方向の流れとなり，右岸の侵食を進めてきた過程を考えることもできます。

13. 金山と温泉

　赤水滝を越え，赤水の集落を通過すると三河内川と大谷川との合流点に達します。なお赤水の集落は2段の段丘面にわたって集落が分布し，上位面には旧流路を示す地形も観察できます。合流点は基盤を下刻した狭谷状の流路を示していて，ここから安倍川という呼称になるようです。つり橋の下を通過すると新田バス停に着き，梅ヶ島温泉方面と大谷崩れの方面との分岐点になります。

　まず右へコースをとって梅ヶ島方向に向かうと，まもなく広い河床が現れます。この一帯は古文書によると1600〜1700年ごろの大谷崩れの土石流でせき止められた河床が湛水して広い池を形成していました。新田の河床からは湖成の泥層も知られており，長い間湖の様相を呈していたようです。最近，泥層中の木片から1720年BPというC^{14}年代が得られ，土石流は1707年の宝永地震による可能性が高くなりました。

　現在，架橋が進められ，対岸には梅ヶ島金山温泉というレジャー施設ができています。この金山は左岸に流入する日影沢にかつてあった金山に由来するものです。さらに上流の大滝入口からつり橋を渡り遊歩道をたどると安倍の大滝に出ます。三河内河支流の逆川にかかる落差120 mの滝で造瀑層は砂岩からなり，駿河大滝とか乙女滝と呼ばれています。大滝入口まで戻り，やや上流に向かうと梅ヶ島温泉です。単純硫黄泉で浴場もあり，安部峠，八紘嶺，大谷崩れなどハイキングコースの起点でもあります。上流部には崩壊地が多く，1966年の災害では谷底に沿う温泉街が土石流で埋没する被害を受けました。

14. 大谷崩れと新田

　新田バス停から左折して集落を通過しますが，一面茶園となっています。地

形的には大谷崩れから押し出された土石流の堆積面にあたります。段丘面が中央に高まっていることや段丘崖が垂直に近いことなどが土石流の特徴をよく表しています。広い段丘面は耕地化されていて露頭は不十分ですが、西側の崖に大小の乱雑な亜角礫からなる土石流堆積物が見られます。また、西側の低位段丘面はその後の侵食によってできた段丘といえます（**図 C-14**, **図 C-15**）。

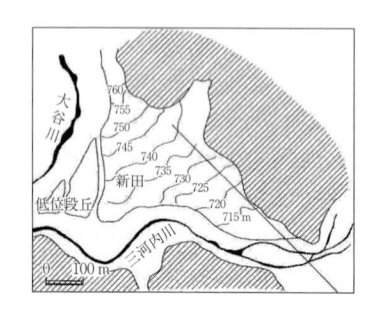

図 C-14　新田付近の地形図

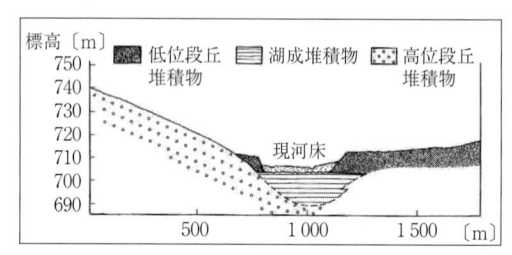

図 C-15　新田付近の地質断面図

大谷川の右岸には山腹崩壊があり、土砂を河床に供給する様子も見られます。茶園を抜けると大谷川を渡りますが、河床が固定され段化された流路工事は自然に対する働きかけの事例です。段丘面上の集落は文政年間に金鉱山で仕事をしていた人たちが農林業に転じて成立した集落といわれています。

時間の余裕があれば大谷崩れまで足を延ばしてみましょう（**図 C-16**）。比高800 m、面積約180 ha、崩壊土砂量1億2000万 m³といわれる最大級の崩壊地は谷沿いの砂防堰堤、山腹の斜面段化による固定化や植栽による安定化が進められていますが、広い裸地から岩屑が崩壊し、源頭部は稜線を削りとるように拡大を進めています。

C. 南部フォッサマグナと安倍川流域　87

糸魚川‐静岡構造線と笹山構造線の二つの衝上断層に挟まれて圧砕されたためか，粘板岩と砂岩の互層は小断層，風化と破砕が進み，崩れやすい条件に加えて，1707年の宝永地震がひきがねになって大崩壊が発生したと推定はされますが，数回にわたる崩れの繰返しも考えられます。その崩れの影響は山地の崩壊のみでなく，流下した岩屑は河床を埋積し，2次的流出は下流域の河床上昇をもたらし，洪水や氾濫の原因ともなっています。そのような自然の変化を考える好適なフィールドともいえるでしょう。

図 C-16 大谷崩れの全形（国土交通省静岡河川事務所提供）

15. 中河内川と仙俣川に沿って―瀬戸川層群の観察―

上落合は静岡市から北西へ40 km，安倍川水系の中河内川と仙俣川の合流点にあります。ここから東の口仙俣，西の口坂本まで，それぞれ川に沿って歩きます。この付近一帯はすべて瀬戸川層群の岩石が露出します（**図 C-17**）。

〔**みどころ**〕　古第三紀瀬戸川層群の砂岩，頁岩，石灰岩層，口坂本の鉱泉

〔**交通**〕　上落合までは静岡駅から定期バスがあります。上落合から口仙俣までと口坂本までは露頭を観察しながら歩きます（12 km）。

〔**地形図**〕　5万分の1「南部」

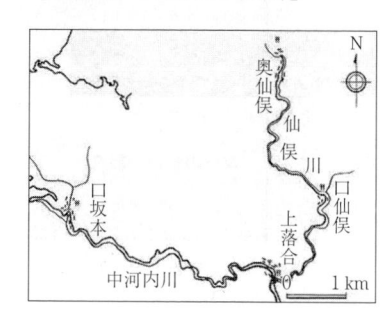

図 C-17 上落合～口仙俣～口坂本のルート図

16. 口仙俣の石灰岩

上落合から仙俣川に沿って上流に歩きます。瀬戸川層群の砂岩頁岩の互層が道路の崖に露出します（図C-18）。右側に深い谷を見ながら，歩きはじめて約2km，左側に10mの滝があります。落下斜面に褶曲した砂岩頁岩の互層が見えます。ここから少し上流，川底に石灰岩層が現れます。大部分結晶質で真っ白な石灰岩が黒い頁岩に挟まれ，褶曲しているので美しい模様をつくっています。道路わきにも露出します。落石防止用の柵があるあたりから上流寄りの岩石は石灰岩で厚さ20mほどあります。著しく褶曲している部分，緩い褶曲の部分など少し離れて見るとわかります（図C-19）。

泥質な部分から微化石を取り出すことができます。結晶質でない，なるべく黒い色をした泥質な部分を選んで持ち帰り，薄い塩酸につけます。石灰岩の表面がわずかに溶けますが，不純物を含む部分が溶けないで沈殿します。これを水洗いして乾燥させます。残渣をルーペか顕微鏡を使って見ますと有孔虫化石を見出すことができます。有孔虫以外にも小型の化石が入っていることもあります。石灰岩の露頭を観察したら上落合に引き返して，口坂本に向かいます。歩き始めるとすぐに，井戸沢橋の近くに大きな砂岩の露頭があります。このあたりは瀬戸川層群中部にあたり，砂岩・頁岩の規則的な互層が続きますが，珪質頁岩，凝灰質頁岩の部分もあります。黒会橋近くにある小さな滝のまわりに

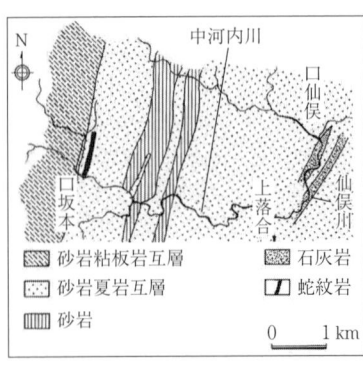

図C-18 口坂本から口仙俣までのルートに沿う地質図

図C-19 口仙俣の瀬戸川層群の石灰岩層

C. 南部フォッサマグナと安倍川流域　89

は褶曲した砂岩，頁岩の地層が露出しています。しろい沢の近くには厚い砂岩が見られるというように，口坂本までにところどころ露頭があります。

17. 瀬戸川層群とその年代

　瀬戸川層群の範囲は東は十枚山構造線で，西は笹山構造線で境されていて，瀬戸川，安倍川流域に分布する主に頁岩，砂岩からなる古第三紀の地層を指します。古第三紀は6500万年前から2300万年前までの間の地質時代のことです。瀬戸川層群は産出する化石に乏しく，地層全体の年代を明らかにすることは難しいのですが，昔から知られていた足久保の貝化石を産出する岩石から浮遊性有孔虫が得られ，この層準が中期始新世（4500万年前）に相当することがわかっています。足久保から産出する貝化石群は日本ではほかに見られませんが，貝化石から従来，漸新世と考えられていました。口仙俣の石灰岩でも同じ年代が得られています（**図C-20**）。

図 C-20 瀬戸川層群から産出される貝化石（ミノガイの類）

　その他，今までに報告されている化石による年代は安倍川流域横山の石灰岩から大型有孔虫ディスコシクリナ（暁新世～始新世），金谷北方童子沢の貝化石群（中期漸新世），静岡市西部宇津ノ谷峠の石灰岩から暁新世型浮遊性有孔虫，ナンノ化石（始新世）などがあります。

　このように，多くの石灰岩から始新世の浮遊性有孔虫（**図C-21**）が得られ，瀬戸川層群の年代資料が急速に増えましたが，一方，泥岩中から前期中新世の放散虫化石が見出され，瀬戸川層群の衝上断層や覆瓦構造と考え合わせると，上記石灰岩体はプレートの沈込みに伴う異地性岩体ではないかと考えられています。

90 Ⅱ. 静岡県の地学めぐり

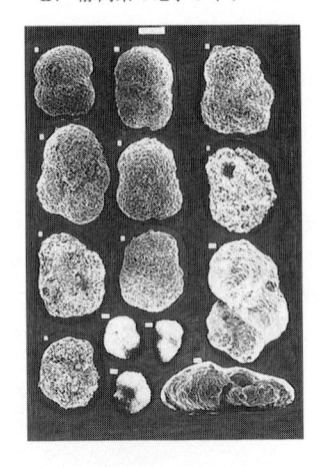

図 C-21 瀬戸川層群の石灰岩層から取り出された浮遊性有孔虫（始新世中期の示準種）

18. 口坂本周辺と温泉

　口坂本に着いたら温泉の駐車場わきから中河内川に降ります。両岸に砂岩頁岩の互層が見られますが、走向は南北、垂直な地層です（**図 C-22**）。川の中には大きな石がころがっています。黒く見えるのが頁岩、薄茶色は砂岩、白く表面がつるつるしているのがチャート、礫岩もあります。緑色をしたのは蛇紋岩です。蛇紋岩は超塩基性岩で新鮮なものは緑色をしています。黒色頁岩は石灰質に富み、塩酸をかけると溶けるものもあります。頁岩というのは泥岩がさらに固結したもので、層理に並行に薄くはがれやすくなった岩石です。これらが瀬戸川層群の岩石です。

図 C-22 口坂本の瀬戸川層群の砂岩泥岩互層の露頭

　口坂本温泉は 1975 年（昭和 50 年）試掘され開発された鉱泉で、瀬戸川層群には何ヶ所かの温泉、鉱泉の湧出が知られています。安倍川流域にある梅ヶ島温泉の 35 ℃が一番高く、梅ヶ島コンヤ温泉、蕨野温泉、油山温泉、また藤枝市街北西の志太温泉などは温度の低い鉱

C. 南部フォッサマグナと安倍川流域　91

泉です。

中河内川, 仙俣川も峡谷をつくりますが, 最近の段丘堆積物が川の崖に残っていることもあります。車の少ない道なのでゆっくりと観察ができます。

笹山構造線は瀬戸川層群の西の境にある断層で笹山付近を通ることからこの名がつけられました。十枚山構造線は瀬戸川層群の東および南の境にある断層で十枚山付近を通ることからこの名がつけられています。いずれも衝上断層です。帰りは上落合から静岡駅までバスで戻ります。

19. 鯨ヶ池から麻機へ─糸魚川-静岡構造線を横切る─

鯨ヶ池は静岡駅の北方9km, 安倍川のすぐ東側にあります。このすぐ東を糸魚川-静岡構造線が走り, 竜爪層群のアルカリ玄武岩と静岡層群を見ることができます（**図C-23**, **図C-24**）。

〔みどころ〕　鯨ヶ池, 糸魚川-静岡構造線, アルカリ玄武岩, 竜爪層群, 静岡層群, 桜峠からの静岡平野など

〔**交通**〕　鯨ヶ池入口までは静岡駅からバスの便があります。鯨ヶ池から桜峠を越えて麻機を通り, 谷津トンネルを抜けて長尾川まで歩きます（8km）。帰りは瀬名から路線バスを利用します。

〔**地形図**〕　5万分の1「清水」

図C-23　鯨ヶ池から瀬名までのルート図

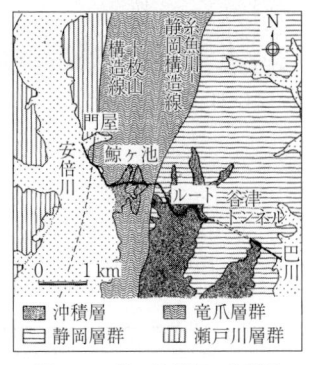

図C-24　鯨ヶ池周辺の地質図

II. 静岡県の地学めぐり

20. 鯨ヶ池から桜峠へ

　鯨ヶ池のすぐ北側に静岡市の水道の取水口と浄水場があります。浄水場は安倍川の豊かな伏流水を取水しています。上水用と，工業用水を取っています。浄水場のあるところは瀬戸川層群ですが，鯨ヶ池は竜爪層群になります。この間は十枚山構造線で境されるのですが，ここではよく見えません。

　県道井川線から500m東側に鯨ヶ池が見えてきます。鯨ヶ池は周囲2km，水深2m，面積5300 m^{2}の池です（**図 C-25**，**図 C-26**）。賤機山の山地が低地に接するところの凹地に湛水した湖沼で，安倍川の自然堤防の東側の低まったところにあります。池の水面が安倍川の河床面より8mも低く，池の水は安倍川の伏流水によると考えられています（**図 C-27**）。池から流出する水は安倍川の自然堤防の外側の低い部分を南に向かって流下するため，安倍川本流とほぼ平行して3kmほど流れて，安倍川に合流します。このように並行した水系

図 C-25 北東から眺めた鯨ヶ池

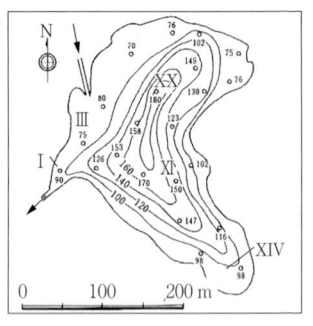

図 C-26 鯨ヶ池の水深図

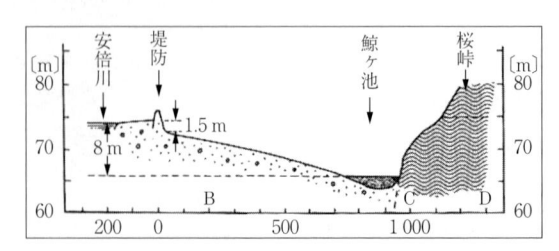

図 C-27 安倍川〜鯨ヶ池〜桜峠を通る東西の断面図
（竹内：1962による）

C. 南部フォッサマグナと安倍川流域　93

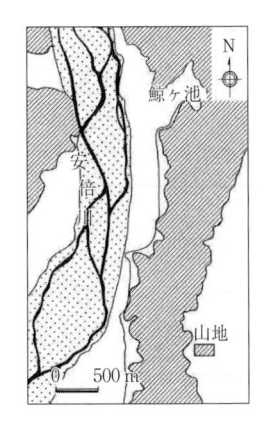

図 C-28 鯨ヶ池とヤズー型河川（明治20年陸地測量部2万分の1地形図の「美和村」に基づいて作成）

をもつ河川はミシシッピー川水系に見られるヤズー川のタイプに似ているためにヤズー型河川として知られています（**図 C-28**）。

21. 糸魚川 - 静岡構造線

　鯨ヶ池を右に見て麻機に向かいますと，桜峠トンネルを越えたところで糸魚川 - 静岡地質構造線を横切ることになります．トンネルを越えてから左側の道に入ります．入口から30 mほど入ったところに露頭があります．静岡層群の砂岩，頁岩が見られます．ここをさらに登ります．やがて，静岡市街が見通せる場所に出ます．ここではアルカリ玄武岩が露出し，この間に南北に糸魚川 - 静岡構造線が通っているのです．

　糸魚川 - 静岡構造線は静岡市街から北方へ賤機山の尾根の東側，竜爪山の東側，山梨県の相又川，春木川，早川沿いの角瀬を経て，諏訪湖から大町に抜けて，姫川沿いに糸魚川で日本海に達する，100 kmにも及ぶ断層を指します．露頭では高角度の衝上断層として現れることが多く，山梨県早川の流域でその露頭がよく見られます．一般にはフォッサマグナの西縁にある断層で，西側には古生代，中生代，花こう岩，変成岩類が主に分布し，東側には褶曲した新第三系が厚く堆積し，これがフォッサマグナと呼ばれているのですが，静岡地域ではこの断層の西側にさらに新第三紀の竜爪層群があるので，断層は新第三系

の竜爪層群と静岡層群の間を通ることになります。竜爪層群は駿河湾に接する高草山から早川中流域までに分布する新第三紀の地層で泥岩，砂岩のレンズを挟むアルカリ玄武岩，安山岩，流紋岩の溶岩などからできています。西が十枚山構造線で東が糸魚川‒静岡構造線で区切られる地塊です。

22. 静岡層群

麻機から少し北に進み谷津のトンネルへ向かいます。このトンネル付近で静岡層群を観察することができます。静岡層群は竜爪山の東側を中心とした地域に分布する新第三紀の地層で厚い砂岩シルト岩互層，泥岩層，凝灰岩層などからできています。従来この地層の年代は初期中新世と考えられていましたが，最近，静岡層群の下部と上部に相当する地層から浮遊性有孔虫化石が発見され，年代は後期中新世であることがわかりました。

23. 浅畑沼

麻機地域は静岡平野の北縁近くにあって浅畑沼と呼ばれる沼沢地があります。海岸から10 kmも隔たっているのに，標高7 mにすぎません。安倍川は賤機山を出ると，標高28 m，そこから扇状地性三角州を形成します。しかし，北方へは氾濫も少ないので，ゆるやかな扇状地となり，その背後は低地となります。この地域の低地はさらに最近地質時代の沈降運動が重なってつくられたものです。明治の頃には南北1 km，東西500 mの大きな沼がありましたが，現在では沼沢地も狭まり，その姿も変わりつつあります。わずかに残された沼は野鳥の楽園としても知られています。また，湿地は蓮田が多く，"麻機の蓮根"として静岡市民の味となっていましたが，今ではこれもほとんどなくなっています。

24. 有度山―隆起を続ける日本平―

有度山の山頂部を日本平と呼びます。標高307 mの日本平には登山道，自動車道があり，静岡からも清水からも登ることができます。また，日本平と久

能山の間にはロープウェイもあります（**図 C-29**）。頂上からの360°の展望はすばらしく清水港の向こうにある三保半島，富士山，駿河湾，伊豆半島がよく見えます。また遠く南アルプスとそこまでの"山麓階"が望めます。有度山は最下位のシルト岩を主とする根古屋累層とそれをおおっている厚い礫岩層からできている更新世の丘陵です。

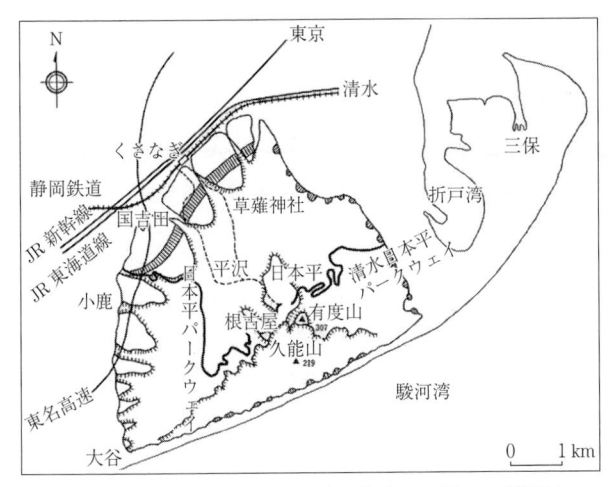

図 C-29 日本平へのルート図 〔地形図〕5万分の1「静岡」

〔**みどころ**〕 有度山はかつての安倍川河口扇状地（静岡平野）がドーム状に隆起した丘で，山頂のドーム状地形や有度山をつくる地層，静岡平野に見られる谷津山などの沈降山地と，北方山地に見られる山麓階がみどころです。

〔**交通**〕 日本平に登るには，歩いて小鹿の北側，草薙，狐ヶ崎から登ることもできます。どこからも約5km。日本平と久能山の間にロープウェイがかけられています。また静岡と清水両方面から日本平へは自動車道もあり，静岡からは路線バスを利用することもできます。

〔**地形図**〕 5万分の1「静岡」・「清水」

II. 静岡県の地学めぐり

25. 草薙から登る

　静岡〜清水間の電車を草薙駅で下車し，草薙神社の横を進みます。この付近は貝化石を含む草薙泥層が露出しているところですが，最近は宅地造成され，よく観察のできる露頭はありません。ミカン畑と茶畑を通り，小さな沢に沿って登ります。

26. 有度山をつくる地層

　有度山をつくる地層は下位から根古屋累層，久能山礫層，草薙泥層，小鹿礫層，国吉田礫層が順に重なっています（**図 C-30**，**図 C-31**）。最下位の根古屋累層は青灰色のシルト岩を主とする地層で，厚さが200 m以上あります。西方へ礫を含むことが多くなります。海食によってできた海側の谷に露出して，根古屋の谷，村松付近，北東側の船越などで見られます。シルト岩から暖流系外洋性貝類の化石を多く産出します（**表 C-2**）。主なものはナサバイ，ハナムシロ，オオキララガイ，ベニグリ，オオシラスナガイ，トウキョウホタテ，ビノスモドキ，オオスダレガイなどで，大部分は現世種からなります。二枚貝の両殻がそろって産出するところもあります。堆積環境は現在の駿河湾のような外洋水の影響の強い海域の陸棚下部から大陸斜面上部が考えられます。有孔虫

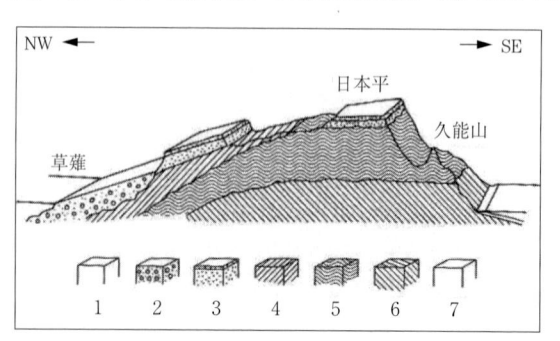

1．地層と沖積平野，2．国吉田礫層と国吉田面，3．小鹿礫層と日本平面，4．草薙泥層，5．久能山礫層，6．根古屋累層，7．駿河湾

図 C-30　有度丘陵（日本平）のブロックダイヤグラム

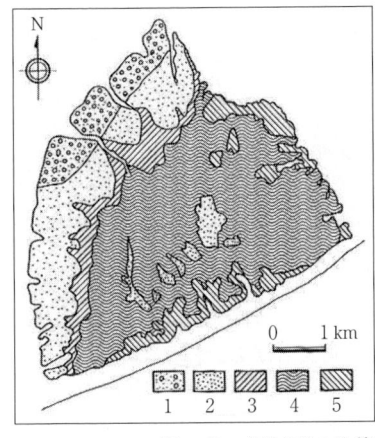

C. 南部フォッサマグナと安倍川流域　97

図 C-31 有度丘陵の地質図

1. 国吉田礫層
2. 小鹿礫層
3. 草薙泥層
4. 久能山礫層
5. 根古屋累層

表 C-2 根古屋シルト岩から産出する主な貝化石

ナサバイ	*Nassaria magnifica*
ヒメムシロ	*Nassarius caelatus*
ニシキヒタチピオ	*Fulgoraria concinna*
シャジク	*Bathytoma luhdorfi*
オオキララガイ	*Acila divaricata*
オオシラスナガイ	*Limopsis tajimae*
ベニグリ	*Glycymeris rotunda*
ヒヨクガイ	*Chlamys vesiculosus*
ビノスモドキ	*Venus foveolata*
オオスダレガイ	*Paphia schnelliana*

の化石も多産します。

　その上の久能山礫層は根古屋累層を不整合におおい、山体の大部分を構成する礫層です。現在の安倍川原とまったく同じ礫組成を示します。三角州に見られるような大規模な斜交層理が発達していることから、当時の安倍川の三角州性扇状地の堆積物と考えられます。清水の矢部から上る道路に沿ってできた農業用造成地の崖や、久能山側の採石場で、厚い久能山礫層と南東へ25°近く傾斜した大規模な斜交層理を観察することができます。久能山礫層の基底近くからナウマンゾウの歯の化石が産出しました。斜交層理は波や水の流れによって移動した砂粒が流れの方向に傾斜して堆積してできた層理で、一般的な層理

面に対して斜交することから斜交層理と呼んでいます。水の動きの激しい所に堆積した地層に見られます。久能山礫層の斜交層理は昔の安倍川の強い流れの方向を示しています（**図 C-32**）。

図 C-32 久能山礫層と斜交層理
（20°～25°の傾斜を示す）

つぎの草薙泥層は，草薙神社付近を中心に北麓から西麓にかけて帯状分布します。静岡大学周辺，静岡市の動物園近くの崖で見られる泥層がこれに属します。久能山礫層が堆積してから有度山は隆起しはじめました。そのために，北西側が沈降します。そこが海面上昇期と重なったために，沈降したところに海が入り込み泥層が堆積しました。これが草薙泥層です。泥層に含まれている貝化石には，ウミニナ，マガキ，アラムシロ，オキシジミ，ヒメシラトリなど，内湾潮干帯泥底生のものが多く，また，珍しいものとして鹿児島以南に現生するモクハチアオイなども産出します（**表 C-3**）。

表 C-3 草薙泥層から産出する主な貝化石

下層部	*Batillaria multiformis*	ウミニナ
	Crassostrea gigas	マガキ
	Theora lubrica	シズクガイ
	Cyclina orientalis	オキシジミ
	Macoma incongrua	ヒメシラトリ
上層部	*Pillucina yamakawai*	アラウメノハナ
	Pecten albicans	イタヤガイ
	Succella gordonis	ゴルドンソデガイ
	Azorinus abbreviatus	ズングリアゲマキ

草薙泥層の上位にくるのが小鹿礫層です。海面上昇期の入り江を当時の安倍川の多量の礫が埋め，さらに隆起を続けていた有度山全体を礫がおおいました。山麓に分布する礫層，日本平の頂上を薄くおおっている礫層がこれに相当します。最上位の国吉田礫層は国吉田から狐ヶ崎にかけて，山麓の北西斜面だ

C. 南部フォッサマグナと安倍川流域　99

けに分布します。これは小鹿礫層堆積後に，有度山の裾を削って清水方面へ流れていた当時の安倍川の堆積物と考えられます。

　このように有度山の生い立ちを見ていきますと，有度山は，いったん海面上昇期に小鹿礫層によって埋め尽くされたわけですから，このときは，昔の静岡-清水平野だったのです。これが現在307 mの山頂をつくっていますので，それだけ隆起したことになります。このときがリス-ヴュルム間氷期，今からざっと10万年前としますと隆起の速さは3.3 mm/年の割合となります。

27．久能山と三保半島

　日本平の南側には徳川家康のお墓のある久能山（216 m）が急な崖をつくってそそり立っています。このような急な崖は海岸線に沿ってほかにも見られます。これは海食によって削られてできたもので6 000年ほど前にできた海食崖です。その後，海面が低下したために海岸線との間に平地がつくられています。海食で削られた山体の多量の砂礫は強い沿岸流で東へ運ばれ，三保の砂嘴をつくりました。先端が三つに分かれた分岐砂嘴で三保の名前はそこからきているといわれます。初めに最も内側の分岐ができて，つぎに中央，最後に外側の分岐が順にできました（**図 C-33**）。なぜ先端が三つに分かれたのかはわかっていませんが，海面変化や有度山の隆起が関係しているものと思われます。100年前の地形図と現在の地形とを比べますと先端は20 mほど長くなって，付け根は細くなっています。南側に面した日当たりのよい海食崖の斜面に久能山礫層の大きな円礫を

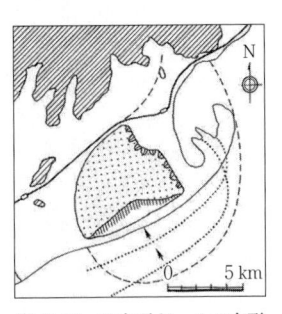

図 C-33　日本平ドームの全形（推定）と三保砂嘴の形成

積み重ねてイチゴの栽培をしたのが石垣イチゴのはじまりです。現在ではビニールハウスに変わっています。

28. 大崩海岸—枕状溶岩を見る—

静岡市駿河区用宗の西,石部から焼津市浜当目までの海岸の高さは100〜200 mの急な崖が海食崖となって連続し大崩海岸と呼ばれています。その名のとおり崖崩れがひんぱんに起こるところです。大崩海岸一帯は竜爪層群に属するアルカリ玄武岩,粗面岩,石英粗面岩を主とする新第三紀の地層からできていますが,海底火山噴出物,凝灰角礫岩,凝灰岩,火山角礫岩が主で,泥岩や砂岩のレンズも挟まれ,斑れい岩や輝緑岩が貫入するなど岩石の組成は多様です。海岸からの富士山の眺めはすばらしいのですが,海側は絶壁なので足元に気を付けましょう(**図 C-34**)。

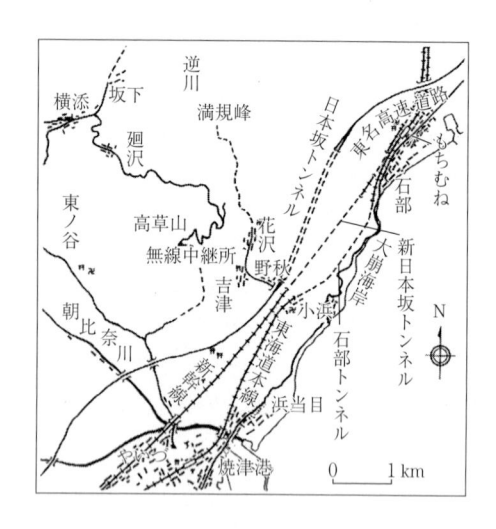

図 C-34 大崩海岸から高草山へのルート図

〔**みどころ**〕 海食崖,山崩れ災害,アルカリ玄武岩溶岩,枕状溶岩,沸石,有度山の隆起地形がここからよくわかります。富士山の眺めとともにこれらがみどころです。

〔**交通**〕 JR用宗駅から海岸に沿って,終点の浜当目まで歩きます(7 km)。帰りはJR焼津駅に出ます。

〔**地形図**〕 5万分の1「静岡」

29. 大崩海岸

大崩海岸を焼津に向かって歩き出すとすぐに，トンネルわきに粗面岩の露頭がありますが表面は風化が進んでいます。アルカリ玄武岩は玄武岩の中でアルカリ長石の多いものを指し，粗面岩は岩石中の長石が粗面組織を示す岩石で，斑晶石英を含む流紋岩を石英粗面岩と呼びます。これらの岩石は深い所でできたアルカリ玄武岩質本源マグマの分化作用によってつくられたと考えられます（**図 C-35**）。

道はやがて海上橋に出ます。これは1971年（昭和46年）7月に道路の洞門上の大崩壊により災害を起こしたため現在では海上を迂回する橋がつくられています。このときの崩壊の誘因として7月初めに降った約100 mmの雨があげられていますが，崖に露出する岩石は変質を受けて岩石のすきまが沸石や緑泥石で埋められています。沸石脈ができるとそこで岩石は割れやすくなり，緑泥石ができると水を吸いやすくなります。色々な性質の違う岩石が褶曲してできた割れ目は，そこに大雨や地下水がしみ込むと風化が進み，崩壊が起こると思われます。平均傾斜40°の海食崖も崩壊を起こす主因の一つです。

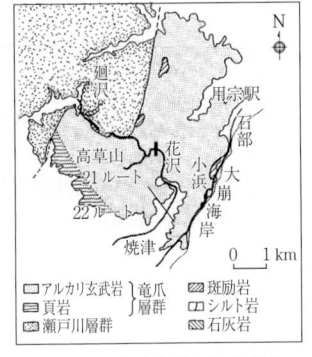

図 C-35 大崩海岸から高草山周辺の地質図

崩壊場所南西のトンネル付近に斑れい岩の露頭があります。暗緑灰色の粗粒な岩石です。道は折れ曲がりながら上りになり，峠の手前で背後に富士山と日本平のある有度山が見えます。静岡平野と有度山の全体がよくわかる場所です。峠を越して道を曲がり，下へ降りますとこの海岸で唯一の浜があります。

明治の頃には海岸沿いに道路が通じて歩くことができました。しかし，現在では海食が進み，崖が直接海に接しているところが多くなって，礫浜はわずかしかありません。

30. 小浜の枕状溶岩

大崩海岸の小浜に出ると海岸の崖に溶岩の枕状構造が見られます（**図C-36**）。これは玄武岩質溶岩が水中で流れ込んだときにできる特徴で、枕を積み重ねたように見えます。大きさは20～40 cm、枕の表面は急冷されたため、非常に細かい粒の層の部分、あるいはガラス質の皮をもっている場合もあります。枕がつぎつぎに重なったようにたがいに変形し、内部には同心円状の構造や放射状の割れ目も見られます。枕の間には白い沸石の細い脈ができていることが多く泥岩がつまっていることもあります。

図 C-36 大崩海岸の枕状溶岩（沸石脈も見える）

もう一度海岸道路に出ます。焼津方面へは下り坂となります。道路わきの護岸工事された崖にはアルカリ玄武岩がところどころ露出します。最後のトンネルの手前で凝灰角礫岩が見られます。トンネルを越えれば左には虚空蔵山を見て浜当目に着きます。帰りは、焼津駅まで歩いて15分くらいです。

31. 高草山—アルカリ玄武岩と化石—

焼津市街の北側にある標高501 mの高草山は山頂近くまで開墾され、茶畑、ミカン畑となっています。ここからは、足下の焼津港をはじめ、御前崎や駿河湾、その向こうに伊豆半島が一望できます。また秋から春にかけてのよく晴れた日には雪の南アルプスが望めます。

高速道路トンネルの左側に粗面岩の露頭があり、岩石には長石の白い斑晶が入っているのがわかります。アルカリ玄武岩は海洋の火山、海盆に多く、深い所で発生したアルカリ玄武岩質本源マグマから生成されたと考えられます。

高草山には大崩海岸と同じ新第三紀中新世の竜爪層群に属するアルカリ玄武岩が広く分布しています。アルカリ玄武岩は玄武岩の中でアルカリ長石の量の多いものを指し、さらにアルカリ長石の量が多いと粗面玄武岩と呼びますが、鉱物の多くは斑晶として含まれています。

花沢の集落の手前で川底に凝灰岩が露出しています。集落の間の細い道を進みます。村の一番奥にお寺があり，そこを左折して登ります。ミカン，お茶畑になりますが，少し行くと右側にまとまった泥岩の露頭があります。この泥岩から浮遊性有孔虫の化石が取り出され，年代は新第三紀中新世の初め（1600万年前）とわかりました（**図C-37**）。高所は大部分が火山岩からできているのですが，海底火山噴出物であるために泥岩や石灰質砂岩がところどころに挟まれているのです。これらの地層から化石も見つかり，地質年代もわかるようになりました。農道をさらに登ります。焼津港を見下ろす峠に着きます。この付近は畑で露頭はよくありません。頂上には高草山中継所があるので，アンテナを目指して登ります。山頂の眺めはすばらしく，焼津から御前崎に延びる海岸線，駿河湾，その向こうに伊豆半島が一望できます。

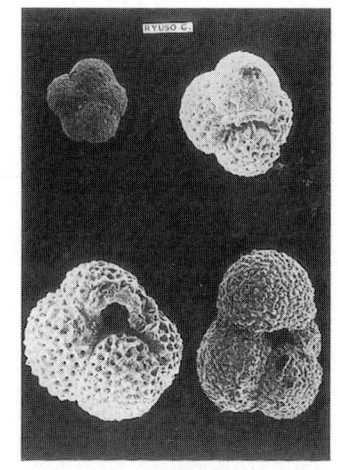

図C-37 アルカリ玄武岩に挟まれるシルト岩から取り出した浮遊性有孔虫（新第三紀中期初頭の示準種）

〔**みどころ**〕 アルカリ玄武岩，玄武岩に挟まれる泥岩，瀬戸川層群，浮遊性有孔虫の化石，大型有孔虫の化石など

〔**交通**〕 JR焼津駅から歩くか，焼津自主運行バスで高草山石脇入口下車。花沢をへて高草山頂上へ。

〔**地形図**〕 5万分の1「静岡」

32. 高草山頂上から廻沢へ

頂上から廻沢(めぐりさわ)方面に下ります。尾根を北東に進み峠まで戻ります。ここから北側の岡部川に下りますが，谷に出たところから瀬戸川層群の地層が見られます。この岩石は今まで見てきたものと違い，古第三紀のものです。ここに出ているものは黒っぽい色をしていますが石灰岩です。この岩石からも浮遊性有

孔虫が取り出されていて，始新世（4500万年前）に相当することがわかっています。石灰岩だけでなく，頁岩，砂岩も見られます。頁岩は泥の固まったものですが，花沢で見た泥岩と硬さを比較してみましょう。時代が違うことによってこのように硬さが違います。やがて，高草山山頂に向かう道との交差点に着きます。これを過ぎると斑れい岩の貫入岩が見られます。斑れい岩は粗粒で黒っぽい色の火成岩で，廻沢の集落を過ぎたところから，右側に砂岩・頁岩の互層が露出します。これは竜爪層群に属する地層です。頁岩部分から浮遊性有孔虫が出され中新世の初めにあたることがわかっています。国道1号線はもうすぐです。

33. 大型有孔虫の化石

高草山西方の東ノ谷の小さな谷に露出するアルカリ玄武岩に挟まれた凝灰質な石灰質砂岩から大型有孔虫のレピドサイクリナ，ミオギプシナの化石が報告されています。新第三紀にレピドサイクリナ，ミオギプシナなど日本に大型有孔虫が繁栄したのは今から1600万年前の初期中新世の終わりから中期中新世の初めにかけての約100年間といわれています。レピドサイクリナやミオギプシナはすでに絶滅した種ですが，同じ大型有孔虫の仲間は現在熱帯の浅い海に多く生息しています。したがって，日本に大型有孔虫が繁栄した1600万年前頃，日本付近では今より海水温が高く，熱帯性の環境が広がっていたと考えられます。

引用・参考文献

1. 土　隆一（1985）：静岡県の自然景観―その地形と地質―，第一法規出版，pp. 1-266.
2. 土　隆一（1992）：静岡の地球科学―新第三紀研究の発展のために―，退官記念事業会編，pp. 1-333.
3. 土　隆一編（2001）：静岡県の地形と地質―静岡県地質図20万分の1（2001年改訂版）説明書―，内外地図，pp. 1-92.
4. 竹内正辰（1962）：静岡市鯨ヶ池付近の地形と池の成因，静岡大学教育学部研究報告，13

（土　隆一）

D. 大井川流域

1. 流域の概要

　大井川は，農鳥岳（3 026 m），西農鳥岳（3 051 m），間ノ岳（3 189 m），塩見岳（3 047 m）を連ねる南アルプスの主稜線付近を源流部として，赤石山地の中心部を南北に流下し，駿河湾に注ぐ全長約150 kmの河川です（**図 D-1**）。このうち山地を流れる部分は約140 km，平野部は10数kmで，同じ赤石山地を流れる安倍川や富士川とほぼ同様に平野部の流路が短いのが特徴です。なお，ここでは赤石山地は東から早川，安倍川，大井川，天竜川本流の東側流域を含む山地全体を呼び，南アルプスはその赤石山地の中で標高2 500 m以上の高山地域に限定して使うことにします。

　赤石山地の大部分は，山地の延びの方向とほぼ平行な北東 - 南西～南北の走向をもつ四万十帯の地層で構成されています。この四万十帯は現在の南海トラフから遠州灘に相当するような位置で，白亜紀後期から前期中新世頃のプレートの沈込みにともなってできた付

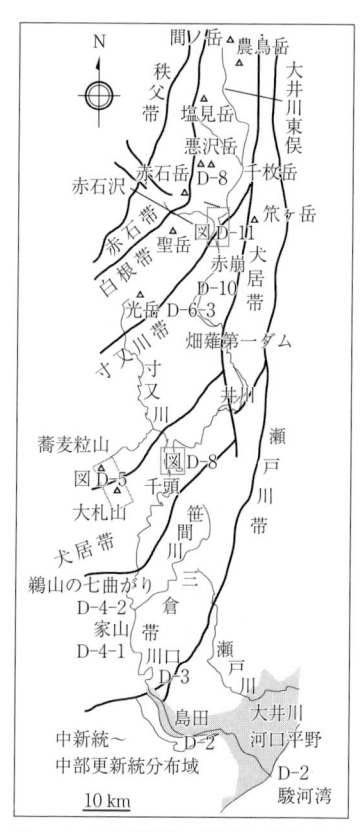

図 D-1　大井川流域の地質概略図と本文で説明する観察地点・ルートの位置（太い実線は付加体構成層の境界断層）

加体です。その名称は四国南西部を流れる四万十川に由来し,紀伊半島南部から四国南部を経て,九州南部へと連続して分布しています。四万十帯は陸上に露出する付加体としては世界で最もよく研究された付加体です。赤石山地の四万十帯の地質構造と山地の地形形成史は狩野（2006）にまとめられています。以下ではこのまとめにしたがって紹介していきます。

大井川流域の四万十帯は,構成する地層の岩相と南東に向かって若くなる地質年代をもとに,北西から南東に向かって赤石帯,白根帯,寸又川帯,犬居帯,三倉帯,瀬戸川帯に区分されています（図D-1）。このうち赤石帯,白根帯,寸又川帯,犬居帯が後期白亜紀～最前期古第三紀に,三倉帯と瀬戸川帯が古第三紀～前期中新世頃に形成された付加体です。付加が終わって現在の地層配列がほぼ完成したのは前期中新世の後半以降になると考えられています。

四万十帯形成の最末期頃から中期中新世頃にかけて,四万十帯が属する西南日本は日本海の拡大に伴って時計回りに回転しながらアジア大陸の東縁から分離しました。そのときに赤石山地を含んだ西南日本の東端部は,フィリピン海プレート上にある火山弧,伊豆－小笠原弧の先端部との衝突によって反時計回りに回転しました。赤石山地の北東部は特にその影響を受けたために,中央構造線とともに四万十帯の地層は逆くの字型に屈曲し,地層は北東－南西～南北の走向をもつようになりました。

主稜線から東に低くなる赤石山地の大地形に対して,大井川は主稜線あるいは地層の走向にほぼ平行ないしは反時計回りに斜交して南に流れています。赤石山地周辺の掛川～浜松地域,伊那谷,富士川中～下流域などに分布する地層中の礫岩層から見ると,後期中新世から鮮新世にかけては山地としてはまだ成長していなかったようです。これらから,付加体が形成され陸化した中新世頃には,低標高・低起伏で南勾配の地形の上に大井川の最初の流路が形成された可能性があることを示します。その後に山地が急激に隆起しても,大井川はもともと南流していた流路を利用して山地を削り込み,現在のように極端に曲がりくねった蛇行河川に移り変わっていったものと考えられます。

大量の砂礫を供給する大井川の流路がはっきりしてくるのは,鮮新世の掛川層群を不整合におおう小笠山礫層が堆積した100万年前頃からです。したがって,赤石山地はこの頃から急激に隆起を開始したと考えられます。つまり,南アルプスをつくる高山域では,最近100万年間に年間平均3mm以上の隆起速

度をもつことになります。また水準測量によると，南アルプスの主稜線付近では最近100年間で年平均4mm以上に達する速度で隆起を続けているようです。これらで示される隆起速度は日本の山地の中でも最速であり，世界でも最速のレベルになります。

この隆起速度と年間雨量3000mmに達する多雨を反映して，赤石山地は急速に削り取られており，侵食速度からみても世界第1級の山地といえそうです。山地の各所で見られる大崩壊地が，削り取られつつある山地の表れです。こうして大井川は急流河川となって，上流域でつくられた大量の砂礫を駿河湾に運んでいます。それでは，途中で寄り道をしながら，下流から上流へとさかのぼって大井川流域を見ていくことにしましょう。

2. 大井川河口平野

大井川の河口を含む平野部は，北東–南西方向に幅約15km，北西–南東方向に長さ約10kmの広さをもっています。大井川はこの平野の中を，両側が堤防で囲まれた約1kmの幅の直線的な流路に固定されて南東に流下し，駿河湾に注いでいます。この流路の中で，平水時には流れが複雑に枝分かれする網状流をつくっています。一般に網状流は砂礫を大量に運搬する急流河川の扇状地部で見られることが多く，流れの一筋の幅に対して平水時の水深が浅いのが特徴です。大井川下流部はその典型的な例です。大井川の網状流を観察するのには橋の上から見下ろすのがよく，島田市の歴史ある蓬莱橋がお勧めです（**図 D-2**）。また網状流の全体像を見るには，Google EarthやGoogle Mapの衛星画像，Yahoo!地図の空中写真などが手軽です。

図 D-2 大井川下流部の網状流と牧ノ原台地（後方の平坦地）
（島田市蓬莱橋から上流を望む）

河口付近に最大径20 cm程度に達する礫が多数存在していることは、現在でも大井川は増水時の運搬能力が大きいことを示唆しています。流れ込む駿河湾は急深なので、河口に達した砂礫は湾底に流出してしまい、細粒な砂泥によってつくられる三角州は発達せず、扇状地が直接海に接する扇状地性三角州（ファンデルタ）となっています。富士川河口平野や安倍川がつくる静岡平野も、大井川河口平野とほぼ同じような特徴をもっています。

このような現在の流路の特徴からもわかるように、堤防で流路が固定されていなかった時代には、網状流は増水するたびに流れを変えて、砂礫をまき散らしながら大井川平野をつくっていったのです。つまり、この平野に生活する人々はつねに氾濫の危険にさらされていました。実際、江戸時代の265年間に大井川は130回以上の氾濫を繰り返してきたようです。

大井川の河口周辺は数多くの野鳥が飛来することで知られ、左岸側には野鳥観察園が設置されています。河口周辺で礫を観察してみましょう。礫の構成は非常に単調で、多様な礫をもつ富士川、安倍川、天竜川などとは異なっています。大きめの礫の大部分は砂岩で、小さめの礫には泥岩も含まれます。まれに赤色のチャートや濃緑色の岩石（緑色岩と呼ばれ、変質した玄武岩質の火山岩）が見つかるかもしれません。これらは山地部に分布する四万十帯の地層を明瞭に反映したものです。

河口からさかのぼっていくと、両側に食品、製薬、パルプなどの工場が目に付きます。これらの工場は、砂礫層でできた扇状地性三角州の特徴の一つである豊富な伏流水を利用して稼働しています。

河口から約10 km上流の右岸側には比高100 m前後の平坦地が見られます。この平坦地は牧ノ原台地と呼ばれています。この台地を構成する礫層の性質から、この平坦地は最終間氷期の海水面上昇（下末吉海進）期から海面低下期に移行する約10万年前の旧大井川の網状流が作った河口平野であったことがわかります。台地の面の大部分は現在茶畑になっています。この茶畑も、より上流側から引かれた大井川の用水を利用しています。

〔**みどころ**〕 網状河川，河口平野，河床礫，牧ノ原台地

〔**交通**〕 大井川河口にはJR藤枝駅前から静鉄バス藤枝・吉氷線，飯淵下車，徒歩，蓬莱橋にはJR島田駅から徒歩。

〔**地形図**〕 2万5千分の1「住吉」・「島田」，5万分の1「住吉」・「掛川」

3. 川口周辺の三倉帯乱泥流堆積物

　大井川は相賀谷川との合流点を過ぎたあたりから山地内に入っていきます。それでも数 100 m 以上の川幅を保ち，そこを流れる水流は川幅に比べてわずかです。この合流点を過ぎて 3 km ほど上流から，大井川の特長である極端な蛇行がはじまります。

　伊久美川との合流点である川口付近から上流 10 数 km に渡って分布する地層は三倉帯に属し，古第三紀〜前期中新世の砂岩，黒色泥岩や暗緑色泥岩，泥質基質中に大小の砂岩岩塊を取り込んだ混在岩が各所に露出しています。混在岩の成因については，後ほど説明します。

　川口周辺の大井川左岸，道路わき，砕石場などでは，北に緩く傾斜した厚さ数 cm〜数 10 cm の層が整然と重なった地層が観察できます。この地層は四万十帯によく見られる砂岩泥岩互層で，海底下を流れ下った乱泥流によって砂泥が堆積したものです。砂泥を巻き込んだ一回の乱泥流の速度が弱まっていくと，粗い砂から細かな砂を経て最後に泥が堆積していくので，1 枚の地層の上側ほど粒子が細かくなります。川口周辺の砂岩泥岩互層では，地層の見かけの上側ほど粒子が粗くなっているので，地層は堆積後にひっくり返って逆転してしまったことになります。この現象は北西-南東方向に 2 km 以上続き，大規模な横伏せ背斜褶曲の逆転した部分に位置する地層であるとされています（**図 D-3**）。

〔みどころ〕　砂岩泥岩互層，乱泥流堆積物，逆転構造
〔**交通**〕　JR 島田駅から島田市自主運行バス相賀線山の家下車。
〔**地形図**〕　2 万 5 千分の 1「八高山」，5 万分の 1「家山」

図 D-3　三倉帯の逆転した砂岩泥岩互層（島田市川口：伊久美川河口，川口発電所放水路）

4. 大井川中流の蛇行

河川の蛇行が極端になってくると，上流部と下流部が近づいてショートカットしてしまい，曲流していた河床に水が流れなくなって，河道跡が取り残されることがあります。このように流路が変化し，河道の一部が捨て去られてしまうような現象を蛇行切断と呼んでいます。大井川の場合は平野を蛇行（自由蛇行）する河川とは異なり，山地を削り込みながら蛇行が進行しています。このような蛇行を穿入蛇行と呼んでいます。

4-1 天王山と野守の池

大井川中流の右岸側にある家山の広い平坦地は，東に大井川，南に家山川，北と西を山地に囲まれたその中央部に，平坦部からの比高約 20 m，直径約 100 数 10 m の天王山と呼ばれる丘と，西部に野守の池をもつ特殊な地形をしています（**図 D-4**）。この平坦地は曲流した大井川の蛇行切断の結果として取り残されたかつての河床の跡で，野守の池はそのときにできた三日月湖が起源であると考えられています。また天王山はかつての蛇行の中央部に取り残されてできた丘で，環流丘陵と呼ばれています。この天王山に登ると，昔の大井川の流路を実感することができます。

図 D-4 天王山と野守の池（かつての大井川は天王山の左側を回り込み，手前の野守の池から右後方に流れていた）

D. 大井川流域

4-2 鵜山の七曲がり

笹間川との合流点から久野脇付近にかけての大井川は特に大きく曲流しており，鵜山の七曲がりと呼ばれています。この区間のもう一つの特徴は，幅広い川幅に対して流水が極端に少ないことです。乾期にはほとんど水が流れなくなって砂ぼこりが舞い上がり，河原砂漠と呼ばれたことがあります。

水量が少ない最大の原因は，上流の塩郷ダムから導水トンネルで支流にある笹間川ダムに運ばれてしまい，本来の水量の一部しか流れないことにあります。笹間川ダムに貯水された水の一部は，さらに下流の川口発電所に運ばれて大井川に戻ります。このように大井川の水は最上流部から下流部まで，ダムや導水トンネルを使って，発電や農業用水として何度も利用されています。このために，本来の水量が保てなくなっているのです。

〔**みどころ**〕 乱泥流堆積物，逆転構造，穿入蛇行，蛇行切断，環流丘陵
〔**交通**〕 家山へは大井川鉄道家山駅，鵜山の七曲がりには大井川鉄道抜里〜塩郷間の各駅。
〔**地形図**〕 2万5千分の1「家山」，5万分の1「家山」

5. 南赤石林道周辺

鵜山の七曲がりを過ぎ右岸側を走る県道を外れて，上長尾から西側に入る南赤石林道に入ってみましょう。この林道は南アルプスの最南部の山岳風景を簡単に楽しむことができ，地学的にもいくつかの見所があるルートで，新緑や紅葉の時期には多くの人々が訪れています。

5-1 犬居帯の混在岩

林道は山腹斜面沿いに徐々に高度を上げながら，北西方にある大札山（1 374 m）に向かいます。藤川への分岐を過ぎると，林道沿いの露頭には様々な規模で砂岩層が千切れ，泥岩中に取り込まれた乱雑な地層が見られます。このような乱雑な地層も四万十帯に頻繁に分布し，メランジュ（ゴチャゴチャという意味のフランス語）ないしは混在岩と呼ばれています。混在岩は乱泥流堆積物とともに付加体を特徴付ける地層です（**図 D-5**）。

この混在岩は犬居帯に属し，白亜紀末期から古第三紀最前期にプレートの沈

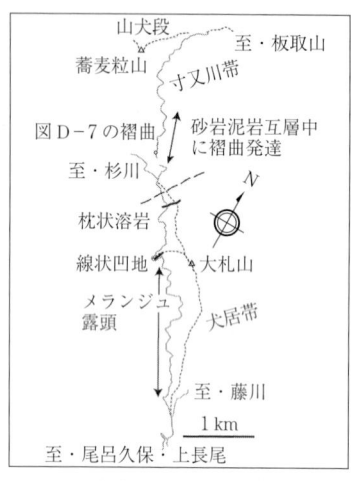

図 D-5 南赤石林道大札山・蕎麦粒山周辺のルート図
（実線は林道，破線は登山道）

込み帯で強い力を受けた結果，壊された地層と考えられています。つまり，この地層は沈込み帯の化石とでもいってよい地層です。混在岩の成因としてはこのほかに，大規模な海底地すべり説や，流動しやすい泥が周囲の地層中に貫入してできたとする説があります。成因がいずれであっても，混在岩の存在はこの地帯周辺がかつて不安定な場所であったことを示しています。前述した三倉帯の混在岩の成因はよくわかっていません。

5-2 大 札 山

　駐車場のある大札山の西肩からは，約40分前後の登山で山頂にたどり着くことができます。山頂からの展望は良好で，北方に南アルプスの聖岳（3 013 m），上河内岳（2 803 m），また東方に富士山も望むことができます。この登山道では登り口付近に小規模ですが線状凹地が見られます。線状凹地については後で説明します。

　大札山の西肩から林道を約1.5 km 進んだ右側の露頭で枕状溶岩を観察できます（**図 D-6**）。犬居帯の混在岩中にはこのような枕状溶岩がときどき挟まれており，海底に噴出し海洋地殻をつくった玄武岩質溶岩がプレートの移動に伴い陸に近付き，沈込み帯で付加体中に取り込ま

図 D-6 犬居帯の枕状溶岩（川根本町，南赤石林道，大札山付近）

D. 大井川流域　113

れてしまったものです。付加された後に玄武岩は地下で温度と圧力を受けて濃緑色の岩石に変化しているので，しばしば緑色岩と呼ばれています。

5-3　寸又川帯の砂岩泥岩互層

　南赤石林道と杉川に降りる林道との分岐点の手前から，地層は三倉帯で見たのと同様な砂岩泥岩互層に変わります。この地層は寸又川帯に属し，堆積年代は後期白亜紀の後期です。互層中には，チャートによく似た白色〜薄い灰緑色をした酸性凝灰岩が挟まれ，後背地で火山活動が活発だったことが読み取れます。地層の傾斜方向や傾斜角度，砂岩層中の級化層理が示す上下方向の変化に注意していくと，波長数 m 以上の褶曲を見つけることができます。褶曲の形はさまざまで，ピタッと閉じたものや箱型のものもあります。これらの褶曲は，海溝にたまった地層が沈み込む海洋プレートからの圧縮を受けて陸側に付加する時に形成されたものです（**図 D-7**）。

図 D-7　寸又川帯の砂岩泥岩互層の箱型褶曲構造
（川根本町，南赤石林道，山犬段下）

5-4　山　犬　段

　尾根上にある平坦地の山犬段（1 404 m）が，一般車が乗り入れられる林道の終点です。駐車場周辺からは，東側に富士山を，北西側に南アルプス最南部の山々を望むことができます。さらに，西方の蕎麦粒山（1 627 m）を経て高塚山（1 621 m）に向かう，また北東方の板取山（1 513 m），沢口山（1 425 m）を経て寸又峡温泉に向かう登山道が続いています。

　〔**みどころ**〕　大札山，蕎麦粒山，犬居層群の混在岩，枕状溶岩，寸又川層群

の砂岩泥岩互層, 褶曲構造, 南アルプス最南部の展望

〔交通〕 山犬段までは自家用車, 大札山肩を過ぎると非舗装路となる。または大井川鉄道田野口駅からタクシー利用のみ。

〔地形図〕 2万5千分の1「蕎麦粒山」・「高郷」, 5万分の1「千頭」

6. 接岨峡—畑薙第一ダム周辺—

6-1 接岨峡の穿入蛇行

数100 mに達する比較的広い川幅をもっていた大井川ですが, 千頭を過ぎると徐々に両側に山地が迫ってきてV字谷に変化していきます。長島ダム付近から井川ダムまでの間は急峻なV字谷となり, 接岨峡と呼ばれています。この接岨峡に沿って, 我が国唯一のアプト式鉄道である大井川鉄道井川線が走っています。

この付近の大井川と最大支流である寸又川の下流部でも, 穿入蛇行と蛇行切断のさまざまな段階が見られます。大井川本流では, 奥泉, 尾盛, 閑蔵周辺などに旧河道跡と環流丘陵が見られ, 旧河道の一部は現河床から200 m以上に達する高さにあります (**図D-8**)。寸又川では池ノ谷や寸又峡温泉のある大間の平坦地が旧河道跡となります。これらの河道内の堆積物の年代がわかれば,

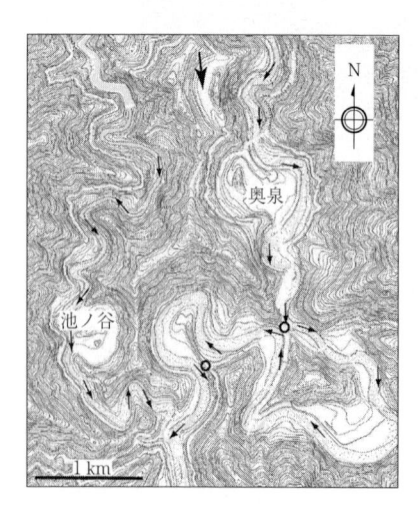

図 D-8 奥泉付近の大井川本流 (東側) と寸又川下流部 (西側) の穿入蛇行, 寸又川下流部の蛇行切断地形 (国土地理院, 2万5千分の1地形図画像「千頭」の一部。小矢印は河川の流下方向, 地図上部の大矢印は廃棄された旧河道。○印の地点で大井川本流は蛇行切断を起こしかけている)

川が削り込む速さや山地の隆起速度を見積もることができますが，その研究は進んでいないようです。大井川は蛇行しながらも全体としては地層の走向とほぼ平行に，北東から南西に流れています。接岨峡を抜けると谷幅は急に広くなり，井川に到着します。

6-2 再び犬居帯の混在岩

千頭‐井川間の大井川沿いと寸又川下流には，南赤石林道で見られた犬居帯の混在岩層が分布し，ときどき緑色岩も挟まれています。水流に磨かれた河床露頭は，林道の露頭よりも混在岩の組織がよく観察できます。ここでの混在岩中の泥岩の基質中には，さまざまな大きさのレンズ状砂岩岩塊を大量に含み，岩塊はほぼ平行に配列しています。岩塊の間の泥岩基質には，細片状に割れ目が発達し，割れ目の面の多くはピカピカに磨かれて，線状の模様が見られます。また白色の石英脈が発達しているのも特徴です。これらの組織は地下のプレート境界付近で地層がすべり動いた結果できたものであると考えられています（**図D-9**）。

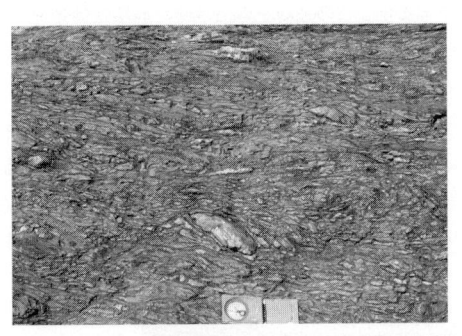

図D-9 レンズ状の砂岩岩塊を多数含む犬居帯の混在岩
（川根本町千頭南方，三盃の大井川河床）

6-3 畑薙第一ダムの堆砂

井川を通り過ぎて井川ダムの湖岸沿いを走り，田代を抜けると大井川は再び急峻なV字谷をつくっています。一般車両が通行できるのは畑薙(はたなぎ)第一ダムま

でです。このダムサイトから、湖水を挟んで北西方に茶臼岳（2 604 m）が展望できます。

畑薙第一ダムから大井川の最上流部に行くにはダムを渡って東側（登山シーズン中はダム手前の駐車場）から東海フォレストの送迎バスに乗るのが便利です。しばらくの間は寸又川帯の砂岩泥岩互層の分布域となります。東俣林道のゲートを過ぎて、バスは茶臼岳の登山口となる畑薙大つり橋にさしかかります。1996 年（平成 8 年）の空中写真をもとに作成された 2 万 5 千分の 1 地形図「上河内岳」では、このつり橋の上流側約 1.5 km まで湖水域になっています。ところが 2009 年（平成 21 年）の時点では、湖水域はつり橋付近まで後退し、上流側は砂礫で埋め尽くされた幅広い河原になっています。通り過ぎてきた下流の井川ダムについても同様に、砂礫による埋積が進んできています。

6-4 赤崩の大崩壊

畑薙橋を渡ると対岸に大量の礫が三角錐状に堆積しているのが目につきます。見上げると尾根近くの山腹斜面に縞状の地層がほぼ水平に延びて露出しているのが遠望できます。この地層を露出させた崩壊地は赤崩と呼ばれています。このような巨大崩壊地から供給された礫が、畑薙第一ダムや井川ダムを埋め立てていっているのです（図 D-10）。

地形図で赤崩の周囲の地形を確認してみて下さい。崖印が密集した赤崩の上側の尾根付近は地形が周囲に比べて急になだらかになり、凹地もあることが読み取れます。尾根と平行な北東－南西方向の線状凹地が多数発達した結果、このなだらかな尾根ができているのです。線状凹地とは、尾根線を境としてもと

図 D-10 赤崩（中央後方）と大井川に流出する崩壊砂礫（静岡市、東俣林道畑薙橋上流）

もと急傾斜していた地層が谷側へ向かっておじぎをするように折れ曲がりながら傾いていくのに伴って形成される地形で，その結果として，尾根上にできるへこみのことです．線状凹地と並列する多数の小尾根を多重山稜と呼び，両者の組合せで，もともとの尾根は平坦化して幅広くなっていきます．またこのような線状凹地が発達してくると，その下の山腹斜面は不安定となり崩壊しやすくなります．巨大崩壊と多重の線状凹地が組み合わさった赤崩の地形は，赤石山地に特有な大崩壊地の典型的な例といえます．

〔**みどころ**〕 V字谷，犬居層群のメランジュ，穿入蛇行，環流丘陵，ダムの堆砂，崩壊砂礫，赤崩

〔**交通**〕 千頭まではJR金谷駅から大井川鉄道，千頭からアプト式ミニ鉄道に乗車．目的とする各駅で下車，井川から上流は静岡市自主運行バスまたはタクシー，畑薙ダムから畑薙橋までは徒歩で往復可能，畑薙ダム−椹島間は東海フォレスト送迎バス（途中乗降不可）．

〔**地形図**〕 2万5千分の1「千頭」・「寸又峡温泉」・「井川」・「畑薙湖」・「上河内岳」，5万分の1「千頭」・「井川」・「赤石岳」

7．椹島周辺

椹島(さわらじま)は険しい山間部では珍しい広い平坦地で，かつては大井川上流域での林業の基地であり，現在では南アルプス南部の山々に入る最大の登山拠点となっています．この椹島周辺では，つらい登山をすることなく，南アルプスの光景と地学的特徴を身近に感じることができる場所でもあります．また静岡側の南アルプスを題材とした白籏史郎山岳写真館もみどころの一つです（**図D-11**）．

東俣林道から椹島へと下る東向きの斜面は，もともと大井川の流れがぶつかり山腹をえぐり取っていく攻撃斜面でした．大井川の流路は，水流が礫を落としていく滑走斜面を横切って東側にショートカットして現在の流路となり，椹島の平坦地はそのおかげでできたものです．

図 D-11 椹島周辺の観察地点・ルート位置図。(灰色実線は東俣林道,点線は登山道,灰色部分は現在の大井川,赤石沢の流路,ダム湖域,および沖積低地)

7-1 牛首峠

東俣林道から椹島に降りる手前にある牛首峠は東に大井川,西に赤石沢に挟まれた幅狭い鞍部です。ここからは,赤石沢越しに赤石岳を望むことができます。峠の東側は急な山腹斜面で,60〜70 m 下は椹島の平坦地です。現在の大井川はこの斜面を侵食してはいません。一方,西側はおよそ20 m 下を流れる赤石沢の攻撃斜面となり侵食が進んでいます。峠の幅の狭さと両側の高度差からすると,この侵食が進めば,やがて牛首峠より上流側の赤石沢は椹島に流れ落ちて,大井川本流に合流してしまいます。つまり,赤石沢は大井川に河川争奪をされかけているのです。

7-2 千古の滝の褶曲

東俣林道の滝見橋は千枚岳への登山道の入り口です,ここから徒歩1分で千古の滝につきます。滝自体は規模の大きなものではありません。滝の周囲には白根帯砂岩泥岩互層が露出していますが,この互層中に半波長数 m 程度の褶曲構造が観察できます。この露頭は,椹島周辺では最も簡単に褶曲が観察できる場所です(**図 D-12**)。

図 D-12 千古の滝の白根帯砂岩泥岩互層の褶曲（静岡市椹島, 千枚岳登山道入り口）

7-3 木賊ダム周辺のチャートと緑色岩

木賊（とくさ）ダムを過ぎて約100 mで東俣林道から河原に降りると対岸に数cmの厚さの層がきれいに積み重なってほぼ垂直に傾斜した約100 mのチャート層が見られます。チャートはケイ酸を主成分とする堆積岩で, ケイ酸質の殻をもつプランクトンの一種, 放散虫（ラジオラリア）の死骸が数1 000 mの深さの深海底に大量に降り積もって固結したもので, ラジオラライトと呼ばれることもあります。チャートは酸化した鉄分を微量に含むと, 赤みを帯びた色になります。対岸のチャートの一部が赤褐色なのに注意して下さい。河原の転石でも赤色のチャートが見られます。赤石山地の名前は, 赤石沢に露出する赤色のチャートに由来しています。

チャート層の上流側には緑色の岩石が露出しています。ダム周辺の東俣林道にもこの岩石の連続が露出しています。これは犬居帯で見たのと同様な緑色岩ですが, 枕状構造は発達していません。

白根帯には, 遠洋性のチャートや海洋地殻を構成する緑色岩が混入しているのが特徴です。これらはプレートの移動によって陸に近づき, 付加体中に取り込まれたものです。

7-4 鳥森山

鳥森山（1 570 m）は赤石渡と牛首峠の間で, 大井川本流と赤石沢に挟まれて孤立した山で, 椹島から往復する約3時間のハイキングコースが整備されています。山頂に近い尾根上には, 船底状地形を伴う線状凹地が見られます。西側の樹木が伐採された山頂からは悪沢岳, 赤石岳, 聖岳が遠望できます。また

東側は樹幹越しに笊ヶ岳（2629 m）を含むなだらかな稜線（白根南嶺）が望めます。

7-5　椹島付近の大井川河床

　地層を詳しく観察するのには，風化が進んだり，植物でおおわれてしまう道路沿いや尾根上よりも，水流で磨かれている川沿いの露頭のほうが適しています。夏の終わりから秋にかけての渇水期（最大深さ膝下20 cm 程度まで）ならば，長靴か濡れるのをいとわなければハイキングシューズのまま，椹島から大井川河床に降りて，流れをジャブジャブと渡りながら下流側に歩いてみましょう。両岸の露頭には，泥岩の基質の中に砂岩や緑色岩，チャートの岩塊を含んだ混在岩が見られます。また波長数 m 以上の褶曲も見られます。倉沢との合流点の手前まで混在岩が連続し，そこから下流側はきれいに成層した砂岩泥岩互層となります。ここが北側の白根帯と南側の寸又川帯との境ですが，境界となる断層は露出していません。寸又川帯の互層では，級化層理が明瞭に観察されるとともに，褶曲も頻繁に発達しています。級化層理で地層の上下を確認しながら，褶曲を探してみましょう。

　観察を終えたら，川沿いを椹島に引き返せばよいでしょう。さらに砂岩泥岩互層を観察しながら大井川を下り，赤石沢との合流点の赤石渡から東俣林道に登り，椹島に戻ることもできます。なお，東俣林道では，赤石ダムを越え新聖沢橋の手前で寸又川帯の砂岩泥岩互層から白根帯の混在岩に変わりますが，境界は明瞭ではありません。

　〔**みどころ**〕　白根帯のメランジュ，緑色岩，赤色チャート，寸又川帯の砂岩泥岩互層，褶曲構造，赤石岳・聖岳・悪沢岳遠望

　〔**交通**〕　椹島への行き方は前出（D 章 6-4 参照）

　〔**地形図**〕　2 万 5 千分の 1「上河内岳」・「赤石岳」，5 万分の 1「赤石岳」

8.　荒川三山・赤石岳

　大井川の最上流は塩見岳，間ノ岳，西農鳥岳，農鳥岳をつなぐ 3000 m 級の稜線に囲まれた東俣沢です。かつてはこの沢沿いに林道が奥まで通じていましたが，現在は廃道となりました。この林道跡を使って東俣沢をさかのぼり

D. 大井川流域　121

3000 m峰に到達できるのは，熟達した登山者だけです。

本書ではこの東俣沢コースの替わりに，比較的容易に南アルプスの核心部に迫ることができ，かつ，核心部の地学的特徴を観察することができる悪沢岳（東岳）（3141 m），中岳（3083 m），前岳（3068 m）からなる荒川三山と赤石岳（3120 m）を縦走するコースを紹介しましょう。とはいっても，このコースでも岩場の通過や急坂の昇降があり，初心者の場合には余裕をもたせて3泊の山小屋泊まりとなるので，しっかりとした登山装備は必須となります。また，ベテランの同行も必要です。登山コースとしての概要は，登山ガイドを参考にして下さい。以下では地学的観察ポイントだけを述べていきます。

8-1 椹島から千枚小屋

最初の宿泊が千枚小屋ならば椹島をゆっくりと出ても十分です。東俣林道の滝見橋から登山道に入り，千古の滝の褶曲を見学し，奥西河内川にかかるつり橋を渡ると長い登りが始まります。本日のコースの大部分は樹林帯の中の緩やかな登りで，展望はほとんどありません。この間には混在岩を主体とした白根帯の地層が分布していますが，露頭状況はよくありません。コース途中の尾根上には線状凹地が発達しており，その凹地の一つに水が溜まったのが駒鳥池です。単調な樹林帯を抜け，お花畑にでると千枚小屋に着きます。

8-2 千枚小屋から荒川三山をへて荒川小屋

千枚小屋からが本格的な登山となります。しばらくすると登山道は樹林帯からハイマツ帯に入り，赤石岳の展望が広がってきます（**図 D-13**）。ここから赤石岳まで，大展望を満喫しながらの登山となります。千枚岳（2880 m）周辺

図 D-13 中岳から見た赤石岳（左後方は聖岳）

からその先の丸山（3034 m）にかけては，平行な割れ目が発達した泥岩が分布しています。いわゆる千枚岩ですが，よく見るとこの地層中には千切れた砂岩をたくさん含んでいます。この地層も混在岩と呼んでよいでしょう。

丸山を過ぎて悪沢岳の登りにかかると，地層は赤味を帯びた泥岩（赤色頁岩）とより硬い赤色チャートに変化します。さらに山頂に向かっては，チャートとともに緑色岩も目立つようになります。この付近には枕状溶岩も分布していますが，見事なものは見つかっていません。悪沢岳山頂付近はチャートや緑色岩の岩塊が寄り集まっています。

悪沢岳と中岳の鞍部からは再び白根帯を特徴付ける泥質の混在岩となり，中岳を過ぎると砂岩が優勢となってきます。この砂岩優勢層は赤石帯に属します。これ以後，赤石岳までこの単調な砂岩優勢層の岩塊を踏んでの登山となります。この区間の見所は，約2万年前をピークとする最終氷期に形成された氷河地形の名残のカール（圏谷）です。

流水による侵食は最も低い谷底に集中してV字谷を発達させていくのに対して，氷河は谷底ばかりでなく山腹斜面も侵食していきます。そのために山岳氷河の頂部にはお椀の底のような形のカールが，その下側にはU字谷が形成されます。悪沢岳から中岳に続く南側斜面には3つのカール，東から東カール，中央カール，西カール（前岳カール）が見られます。このうち，最もよく形態が保存されているのは西カールでしょう。また，悪沢岳北東斜面の万の助カールは下方に向かってU字谷に移行していきます（図 D-14）。

中岳山頂から約500 m南西方にある前岳の長野側の西側斜面は荒川大崩壊地と呼ばれている荒々しい崩壊地となっています。緩やかな起伏をもつ静岡側が終わる前岳山頂には亀裂が走り，いまにも長野側に崩れ落ちそうです。まさ

図 D-14 富士見平から見た荒川岳のカール（中央のピークが中岳，左側のピークが前岳，中岳直下の凹部が西カール，その右側の凹部が中央カール）

に，変化していく大地を感じ取れる場所です。

　前岳から少し戻り，西カールの上部を斜めに横切り，砂岩岩塊でできた山腹斜面にある南アルプス最大のお花畑を下りきると荒川小屋に着きます。

8-3　荒川小屋から赤石岳をへて赤石小屋

　荒川小屋からは軽い登りの後，お花畑をもつ岩塊斜面を横切ると，大聖寺平（だいしょうじだいら）と呼ばれる平坦地に着きます。その手前左手の緩斜面には，ソリフラクションロープと呼ばれる周氷河環境での凍結・融解に伴った礫の移動で形成された比高1m以下の階段状の小地形が見られます。

　南アルプスには，この大聖寺平とその先を登ったダマシ平，赤石岳を西に下った百間平（ひゃっけんだいら）などの稜線上にある数100m規模の小起伏地形が見られます。このような小起伏地形の成因として，隆起準平原の名残であると見なす見解と，凍結融解作用により生産された岩屑が移動し斜面を平滑化させる周氷河作用によって形成されたとする見解があります。このような小起伏地形は，高山域とともに南赤石林道の山犬段のような標高の低い尾根部にも頻繁に見られます。このことから，これらも線状凹地が多重に発達して，平坦化した結果できた地形かもしれません。

　ダマシ平から小赤石岳（3 081 m）を越えると，明瞭なカール地形としては日本最南端にある北沢カールが稜線の左下に見えてきます。稜線を登り切った赤石岳は，砂岩・泥岩の岩塊・砂礫でできた広い山頂部をもっています。山頂の南側には長さ数100 mで北東–南西方向の大規模な船底状の線状凹地が2列並び，ここでも山地の地形が変化していく過程を見ることができます（**図D-15**）。

図 D-15　赤石岳山頂部の船底状線状凹地と岩塊・砂礫

山頂から今まで歩いてきたルートを振り返ってみましょう。深いV字谷に刻まれた山体は巨大ですが、そびえ立つ尖峰はなく稜線付近は比較的なだらかです。また稜線付近に大岩壁はなく、大小の岩塊・砂礫が集まって稜線や山腹斜面をつくっています。これらが南アルプスの地形の特徴です。

大量の岩塊・砂礫はつぎのような作用が複合して生産されたものと考えられます。まず、付加体をつくった堆積岩層がさらに複雑な地殻変動を受けて、割れ目を多くもつ岩石に変化したことです。つぎに、急激な上昇によって地下に封じ込められていた岩石が地表に達し、周りからの圧力がなくなったために、割れ目が入りやすくなったことです。最後に、高山地域で春や秋に生じる凍結と融解の繰り返しによって割れ目を拡張させていく周氷河作用です。

氷河地形はごく一部に残存していますが、現在の南アルプスの山岳地形をつくった主要な要因は、山地全体の急速な隆起と、大量の降雨に伴った河川の侵食・運搬作用と斜面の不安定化による大規模崩壊です。赤石岳山頂の線状凹地、岩塊斜面、荒川大崩壊、赤石沢のV字谷などが、そのことを物語っています。

赤石岳山頂から西に向かい百間平、兎岳、聖岳をへて中河内岳、光岳に至る縦走路が続いています。このコースに入ると、さらに数日の山小屋ないしはテント泊が必要となります。大展望を満喫したら、山頂から小赤石岳との鞍部に戻り、富士見平から赤石小屋へ向かうのがよいでしょう。赤石小屋からは樹林帯の中を椹島に向かってひたすら下ることになります。

〔みどころ〕 千枚岳、荒川三山、赤石岳、氷河地形、カール、周氷河地形、崩壊地、線状凹地、小起伏地形、赤色チャート、海洋性岩石

〔交通〕 椹島への行き方は前出（D章6-4参照）

〔地形図〕 2万5千分の1「赤石岳」、5万分の1「赤石岳」

引用・参考文献

1. 狩野謙一（2006）：秩父帯と四万十帯―外帯の付加体の形成と改変および上昇・削剥―．, 日本地方地質誌 第4巻「中部地方」, 日本地質学会編, pp. 250-253, 朝倉書店

（狩野　謙一）

E. 御前崎から掛川地域

1. 地域の概要

　大井川と天竜川に挟まれた御前崎周辺から掛川地域にかけては，新第三紀と第四紀の地層が広く分布します。掛川駅北側には下部新第三系の倉真層群と西郷層群が，御前崎周辺から北西にかけては上部新第三系の相良層群，その上に掛川層群，さらに第四系の曽我層群が分布します。地層は東から西へ順に新しくなり，最上位に更新世の小笠山礫層がのっています。倉真・西郷層群の年代は1800万年前頃から1500万年前の間に，相良層群基底付近の地層の年代は1100万年前，掛川層群の基底は400〜320万年前，曽我層群の基底は160万年前となります。御前崎周辺にもナウマンゾウの化石の産出した古谷泥層，その上にのる牧ノ原礫層と新しい年代の地層があります（**図 E-1**）。

　御前崎先端の台地は標高45 m，北西へ向かって低くなって，新庄付近で35 mとなりますが，ここから再び北に向かって高くなっています。このような

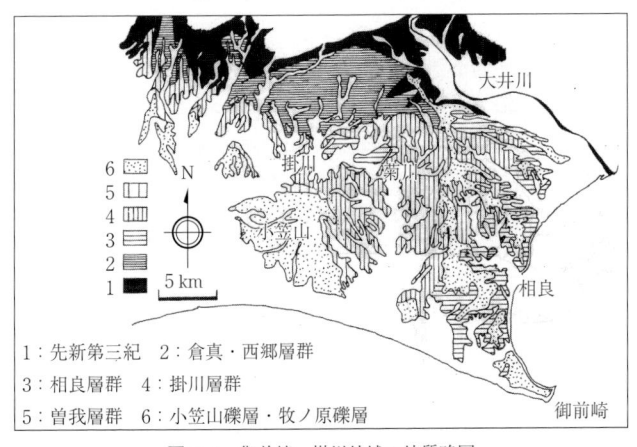

図 E-1　御前崎−掛川地域の地質略図

1：先新第三紀　2：倉真・西郷層群
3：相良層群　4：掛川層群
5：曽我層群　6：小笠山礫層・牧ノ原礫層

変化が見られるのは,沖合いに震源をもつ東海地震のときに,先端がいつも隆起して,それが何回も繰り返されてきたためと考えられています。このような動きを地震性地殻変動といいますが,地震と地震との間では海洋プレートのもぐり込みによって沈下を続け,地震のときには沈下した分量を上回る隆起があるためと説明されています。

御前崎周辺の崖には,褶曲した新第三紀中新世の相良層群の上に,海浜で堆積した偏平礫の牧ノ原礫層白羽相が7mの厚さで水平にのっています。崖がコンクリートでおおわれたり,住宅建設でカットされたり,最近では白羽相を見るのが難しくなりました。御前崎から西の遠州灘海岸には砂浜が広がっていて,背後に砂丘がつくられ,浜岡,千浜,さらに西に中田島砂丘が知られています。これは,天竜川が多量の砂礫を海に運ぶことと,砂層が広く露出する渥美半島の南側が海の働きで削られて,砂が絶えず供給されていること,遠州灘の冬季の西風は遠州の"空っ風"と呼ばれるほど風の強いところであることなどの条件がそろっているからです。御前崎半島西側の白羽海岸は古くから風食礫"三稜石"の産地として知られ,国の天然記念物に指定されています。

御前崎海岸はアカウミガメの産卵場所としても知られています。毎年5月から8月にかけて,体重100kgもある雌ガメが産卵のために上陸します。これも国の天然記念物に指定されています。また,御前崎周辺は県立自然公園特別地域になっています。

掛川地域に広がる新第三系は,その層序と構造がよく残されていて,化石も多産することから日本の新第三系の標準層序の一つになっています。掛川駅北方の倉真層群と西郷層群はともに北東-南西方向の軸をもった褶曲をしています。西郷層群基底近くから大型有孔虫レピドサイクリナの化石が産出します。その年代は浮遊性有孔虫化石から1600万年前となります。

2. 御前崎から浜岡砂丘

御前崎は静岡県の最南端に位置し,東に突き出した半島は遠州灘と駿河湾を分けています。2004年(平成16年)4月御前崎町と浜岡町が合併して御前崎市となりました。よく知られている御前崎灯台は標高45mの台地の上に建てられています。海に面した台地の両側は急な崖となっていますが,これは波の

E. 御前崎から掛川地域　127

侵食によってつくられた地形で"海食崖"と呼ばれています。

〔みどころ〕 御前崎の波食台，海食崖，海岸段丘（御前崎台地），相良層群の相良砂岩シルト岩互層，牧ノ原礫層白羽相，海岸砂丘（**図 E-2**）

〔交通〕 御前崎へは静鉄バスの路線変更に伴い，「相良－御前崎線」は御前崎市自主運行バスに変更しています。相良までは静鉄バスが JR 静岡駅から出ています。

〔地形図〕 5万分の1「御前崎」

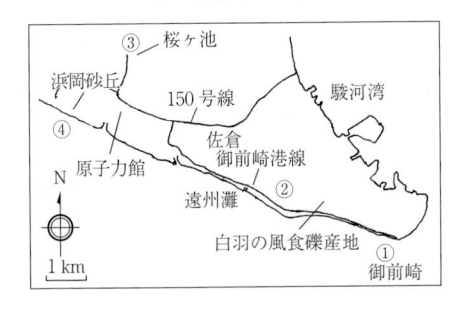

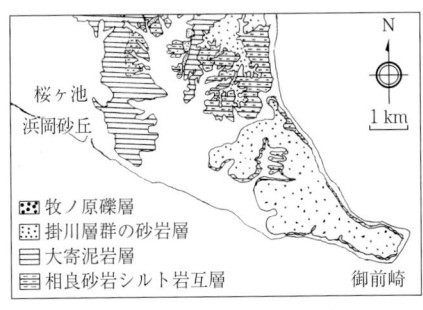

図 E-2 ルート図①〜④と地質図

2-1　御前崎海岸と牧ノ原礫層白羽相

御前崎灯台のある台地から遠州灘海岸がよく眺められます。台地の基盤をつくる地層は砂岩と泥岩の互層で新第三紀中新世に海底に堆積した相良砂岩シルト岩互層と呼ばれる地層です（図 E-2 ①，**図 E-3**）。灯台下の海岸，台地周辺の海食崖によく露出します。基盤の地層の上には，粒の大きさが1〜数 cm で砂岩を主体とする，やや偏平な円礫で海浜に堆積したと思われる"白羽相"と呼ばれる"牧ノ原礫層"の海浜礫層が5〜7mの厚さで不整合にのっています。御前崎の台地は昔の海

図 E-3　御前崎海岸の相良砂岩シルト岩互層

浜が隆起して台地になった"海岸段丘"です。海浜に堆積した礫層は粒がよくそろっているので，"雷おこし"か"粟おこし"のように見えます。

遠州灘に面した南側の海岸は遠浅で，砂浜が続いて，背後に砂丘がつくられているのが見えますが，これは卓越する西風に運ばれた砂が海岸砂丘をつくっているのです。灯台下の海岸に出てみます。静岡県最南端の標識があって，東西，南北と緯度・経度が示されていて，自分のいる地球上の位置を確認できます。海岸には台地をつくる基盤の地層が露出して，平らな地形をつくっています。砂岩層と泥岩層が交互に繰り返していますが，灰白色をした部分が泥岩層でやや硬く，黄褐色した部分が砂岩層で，泥岩層より少し軟らかいようです。硬い地層は侵食に抵抗するので，露出した表面は凹凸をつくるようになります。砂岩・泥岩の一組の厚さが20 cm前後の互層で，相良層群の相良砂岩シルト岩互層と呼ばれる地層です。この波打ち際の平らな地形は波の作用でつくられたもので"波食台"といいます。

砂岩シルト岩互層は，ほぼ北東-南西の方向で，約30°傾斜しています。干潮のときは磯が広くなりますので，砂岩シルト岩互層の観察がしやすくなります。地層には小さな断層もたくさん見られます。また，地層の表面には小さな穴がたくさんあって，現生の貝やカニが入っていたりします。この穴は波打ち際にすむ貝があけた穴です。地層といっしょに磯の生物についても観察しましょう。

2-2 白羽の風食礫

御前崎から西へ3 km，国の天然記念物に指定されている白羽の風食礫産地があります（図E-2②）。指定された1943年（昭和18年）頃は砂浜だったと思われますが，現在この地点は海岸道路がつくられ，さらに砂浜の埋め立ても加わって，海岸道路より陸側の砂丘に記念碑が建てられています。この海岸は冬季に強い西風が卓越して砂丘がつくられるとともに飛砂が著しくなります。海岸に打ち寄せられた礫は飛砂によって表面が削られ，風上側に向かって平らな面ができます。この礫が何かの具合で方向を変えるともう一方の面も平らに削られます。このように風の作用によって削られた礫を風食礫と呼びます。平らな面と平らな面との間はするどい稜ができますが，稜が三つになることから三稜石（Drei Kanter, ドライカンター）と呼ばれます（**図E-4**）。稜が一つだけはっきりしているものは単稜石（Ein Kanter, アインカンター）です。

E. 御前崎から掛川地域　129

図 E-4 白羽の三稜石と産地に立つ碑

2-3 桜ヶ池

　浜松御前崎自転車道をさらに西へ，以前は中西川と筬川(おさがわ)の間に砂浜と砂丘が広がっていましたが，海岸道路の敷設や削られる海岸線に置かれた護岸工事などで，現在では見ることができません。砂丘を調べるにはさらに西へ進み，原子力発電所を過ぎて浜岡まで行くことになります。原子力館を見学することもできます。原子力館を過ぎると右側に大きな鳥居が見えてきます。鳥居をくぐり北に進むと池宮神社に突きあたります。桜ヶ池はこの境内にあります（図E-2③）。ここで行われるお櫃(ひつ)納めの神事は静岡県の無形文化財に指定されています。桜ヶ池は泥がちな相良砂岩シルト岩互層が基盤にあって南側に開いた谷が砂丘によって埋められたために，水がためられていると考えています。まわりにはまだ原生林が残されて，野鳥の生息地にもなっています（**図 E-5**）。

図 E-5 桜ヶ池

2-4 浜岡砂丘

　浜岡砂丘は菊川河口からと新野川の間に分布する海岸につくられた砂丘を指します（図E-2④，**図 E-6**）。原子力館よりさらに西へ2km，150号線から分かれ，浜岡砂丘に入る道路を海岸へ向かいます。明治・大正の頃には飛砂の被害がひどく，強い西風が吹くたびに吹き飛ばされた砂によって風下の集落・田

130　Ⅱ．静岡県の地学めぐり

図 E-6　浜岡砂丘

畑が埋没するほどでした。

　自然の力によってできる砂丘は，風向に対して直角にできますが，この地域では飛砂を食い止める工事が行われ，砂丘がつくり変えられているために，45°の方向に延びています。木の枝や竹で柵（粗朶）をつくり風向きに対して 45°の方向で並べると，飛砂は柵に沿って堆積します。柵を継ぎ足すことで砂丘が形成されていきます。さらに砂丘に黒松が植えられると砂は固定します。やがて，砂丘の背面に低地が形成されて，田畑に利用されるようになりました。現在では海岸が削られ，砂浜の形成が少なくなっています。砂浜にある小石には飛砂によって削られて，三稜石になりかかっているものがあります。

　砂丘表面にできた風紋を観察しましょう。砂丘表面にできる美しい景色が風紋です。風紋は風速が 5 ～ 6 m/秒程度のときにつくられるといわれています。11 月から 3 月にかけて吹く西風は，砂を飛ばして風紋をつくります。浜岡砂丘付近で，冬季 5 ヶ月間の飛砂日数は 15 年間の平均で 150 日中 120 日となります。風向きも，西，西北西，西南西の 3 方向が 62 ％を占めるといわれています。

3.　相良から牧ノ原台地へ

　相良町はとなりの榛原町と 2005 年（平成 17 年）に合併し，牧之原市となっています。牧之原市相良町周辺には相良層群の地層が分布しています（**図 E-7**）。相良町北方には相良層群の地層より古い地質時代の石灰岩の山があり，女神山，男神山と呼ばれています。また，太平洋側唯一の石油の採掘跡が残されています。

　〔**みどころ**〕　相良砂岩シルト岩互層，男神山の石灰岩，相良油田，古屋泥層，牧ノ原礫層

　〔**交通**〕　牧之原市相良町までは静岡駅から静鉄バスの便があります。ここから北に向かい，男神石灰岩，石油の井戸，古屋泥層，牧ノ原礫層を観察して牧

E. 御前崎から掛川地域　131

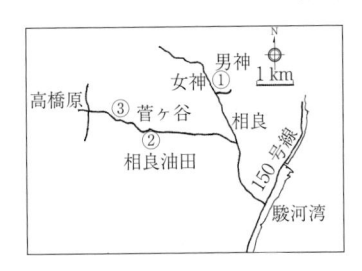

図 E-7 ルート図①〜③および地質図

ノ原台地の高橋原まで歩きます。ここから藤枝行きのバスが出ます。

〔**地形図**〕5万分の1「掛川」

3-1　相良町から男神山へ

　牧之原市相良町から北方にある女神山と男神山をつくる岩石は石灰岩です（図 E-7 ①）。この石灰岩は白色または灰白色をしていて大きな石灰岩の塊（男神山は地表に出ている部分の基底が直径50 m, 女神山は直径200 mほど）が泥岩中に挟まれて地表に突き出した山です（**図 E-8**）。古くから大井川層群女神層と呼ばれ，石灰藻，サンゴ，貝殻，コケムシ，有孔虫などの化石が密集しています。また大型有孔虫レピドサイ

図 E-8 男　神　山

クリナも産出します。女神山の基底に露出する泥岩から浮遊性有孔虫を取り出したところ，約1600万年前の年代となりましたので，現在では掛川北方に露出する西郷層群の延長と考えられています。石灰岩の堆積と産出する化石によって当時は熱帯性の海岸気候であったと考えることができます。女神山は石灰岩を採掘していましたが，現在では操業を中止していて，落石の危険があって登ることができません。男神山は静岡県の文化財に指定され，真近に石灰岩を観察することができます。

女神山と男神山を結ぶ北東‒南西方向に，牧之原市小仁田まで小さな石灰岩の岩体が点々と露出していました。これは北東‒南西方向に軸をもつ背斜構造をしているからで，女神背斜と呼ばれています。軸部分に周囲より古い地層が露出して，軸の西側の地層は西へ，東側の地層は東に傾斜します。背斜軸の周囲とは年代の違う石灰岩の岩塊が突き出していることになります。背斜軸に点々と露出していた石灰岩の小さな岩体は畑から取り除かれ現在では残っていません。女神山と男神山の方向が背斜軸です。地図に記入してみてください。男神の石灰岩をルーペで観察し，石灰岩の割れ目などで結晶した方解石を探してみましょう。

3-2 相良油田

日本の太平洋側では唯一の油田として，相良町海老江で1872年（明治5年）に発見されて，菅ヶ谷地区で翌年から採油が始まりました。1955年（昭和30年）頃まで産出していましたが，その後，稼動を中止しました（図E-7 ②，**図E-9**）。

現在は大知ヶ谷にロータリー式で掘った深さ250 mの井戸が1本，静岡県の文化財の指定を受けて残っています。この油田で採油された石油は琥珀色できわめて良質な石油として知られています。牧之原市菅ヶ谷に油田の里公園が整備されて，資料の展示もされています。

図E-9 相良油田跡

採油地は，女神背斜軸上の時ヶ谷から菅ヶ谷にかけて幅150 m，長さ1000 mのごく限られた地域でした。相良層群最下位の，時ヶ谷礫岩砂岩泥岩互層

E． 御前崎から掛川地域　133

が，相良油田の含油層と考えられています。

3-3　古谷泥層と牧ノ原礫層

　油田近くの大知ヶ谷の谷では相良層群の相良砂岩シルト岩互層の上に10〜20 m の厚さの泥層が不整合でのっています。この泥層が古谷泥層です（図E-7③）。内湾にすむ貝化石が産出します。また，ナウマンゾウの化石の産出も知られています。化石の産出した露頭は茶畑に開墾され，露頭はなくなっていますが，標本は県立相良高校に保管されています。

　古谷泥層の上部は褐色の砂層に移りかわって，礫を含むようになり，牧ノ原礫層になります（**図E-10**）。牧ノ原台地をつくる礫層です。礫層の厚さは20 m以上，礫の種類は砂岩が多く，現在の大井川の礫組成とよく似ていて，昔の大井川の河床に堆積した礫層であることを示しています。その当時の大井川も低い谷間

図E-10　古谷泥層と牧ノ原礫層

を流れていましたが，川の周りの山地をつくっていた相良層群や掛川層群の地層に泥質部分が多いために削られやすく，山の部分が侵食されたため，川原より低くなってしまいました。昔の地形と現在の地形が逆になってしまった場合は"地形の逆転"といいますが，牧ノ原台地はそのよい例です。

　牧ノ原台地は島田市金谷居林付近から南へ牧ノ原を通り御前崎先端まで分布し，途中で三つに分かれた段丘です。金谷から南では東側に分かれた権現原，東南方向に向かう寺河原，南に向かう赤土原，須々木原，比木，御前崎の段丘と標高が210 mから50 mまでの，枝分かれした高台となっています。台地をつくる牧ノ原礫層の礫の粒径は，金谷から南に向かうにしたがって小さくなります。大井川の河原を河口に向かって眺めていくことと同じです。そして，須々木から比木の付近で急に礫は偏平な小円礫に変わります。これは浅い海底の堆積物で，御前崎の台地は海岸段丘といえます。金谷から御前崎まで，牧ノ原台地をたどって行くと，地表では緑の茶畑が続きますが，台地の地層は当時の大井川の下流，河口，さらに海岸までの変化を見ることができます。

古谷泥層と牧ノ原礫層が堆積したのは,今から 12 万年前のリス - ヴュルム間氷期と考えられています。

高橋原に出ると茶畑が続き,ここから金谷行きのバスがあります。

4. 掛川層群の堀之内砂岩シルト岩互層と凝灰岩層

JR 菊川駅で下車し,駅北側から西方向に歩くと道路わきの崖には規則的に繰り返す砂岩シルト岩の互層が観察できます(**図 E-11**)。この地層は掛川層群の一つである堀之内砂岩シルト岩互層と呼ばれる地層で,駅周辺から南方向に歩いても,道路わき,茶畑などの崖のどこでも見られます。掛川層群は大井川と天竜川の間,菊川市と掛川市にかけて広く分布する新第三紀鮮新世の地層で,日本の新第三紀の代表的地層の一つです。掛川層群は菊川市の南東部から南部で,下位から順に萩間礫岩層,切山シルト岩層,堀之内砂岩シルト岩互層,土方シルト岩層に区分されています。

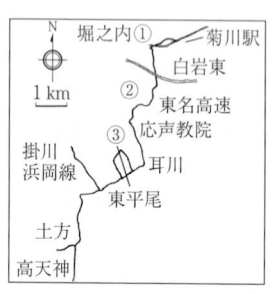

図 E-11 ルート図①〜③

〔**みどころ**〕 掛川層群堀之内砂岩シルト岩互層,白岩凝灰岩層,五百済凝灰岩層,西平尾凝灰岩層,鍵層

〔**交通**〕 JR 菊川駅下車

〔**地形図**〕 5 万分の 1「掛川」

4-1 堀之内砂岩シルト岩互層

堀之内砂岩シルト岩互層(図 E-11 ①)は菊川駅近くの堀之内周辺に露出する,規則的に繰り返す砂岩シルト岩互層に対して,この名が付けられました(**図 E-12**)。菊川市の南部では広く分布して,下位の萩間礫岩層から整合に重なります。堆積の中心付近では厚

図 E-12 堀之内砂岩シルト岩互層

さが3500mもあります。堀之内砂岩シルト岩互層の基底付近は不規則な互層ですが、上位へ順に、規則的な互層となります。互層の1枚の地層（単層）は下部の砂岩層と上部のシルト岩層を一組と数えます。一組の厚さはかなり変化しますが、20～30cmのものが最も多く、平均25cmほどになります。砂岩層とシルト岩層の境界は見分けにくいことがありますが、露頭との距離を少し置いて眺めるとわかることがあります。実際に厚さを測ってみましょう。一つの崖でも地層の厚さが異なることがあります。つぎに、一組の地層に注目して観察しましょう。砂岩層はその下の泥岩層の上部を削っていたり、基底には細かな礫や貝化石の破片を多数含んでいたりすることもあります。一方、泥岩層には直径2mmほどの白色円筒状の海綿の一種とされるサガリテス・チタニイの化石、ときには貝化石も見出されます。また、泥岩を虫眼鏡で拡大すると白い粒状のものが見えますが、小型有孔虫の化石です。有孔虫の化石は小さくて、泥岩から直接取り出すことができませんが、乾かした泥岩を器に入れ、水を加えて、どろどろにしてから、篩（ふるい）に入れて水洗すると、有孔虫を採取することができます。砂岩シルト岩互層の砂岩層は陸地に近い海底から、海底地すべりなどによって海底斜面を流れ下って堆積したもの（乱泥流堆積物）で、シルト岩層は細粒物が海底にゆっくり、静かに堆積したと考えることができます。堀之内砂岩シルト岩互層にはよく追跡できる凝灰岩層が挟まれていて、下位から蛭ヶ谷、有ヶ谷、白岩、五百済、細谷凝灰岩層と呼ばれています。これらの凝灰岩層に含まれる鉱物を利用して測定した年代と浮遊性有孔虫の出現・消滅層準を用いた年代測定をあわせて算定すると、堀之内砂岩シルト岩互層は新第三紀鮮新世の約400万年前から200万年前までの間に堆積したことになります。一組の厚さ20cmの地層の堆積速度は約100年と計算されます。堀之内砂岩シルト岩互層を観察したあと、凝灰岩層を調べることにします。

4-2 白岩凝灰岩層

菊川駅周辺で堀之内砂岩シルト岩を観察して南に歩き、東名高速道路の南側側道を西方向に歩きます。この側道に露出するのが白岩凝灰岩層です（E-11②）。側道の崖に、時にシルト質の部分も挟まれますが、連続して露出する白色の凝灰岩層です。この付近が一番厚く12mほど確認できます。この凝灰岩層は南北にも追跡できます。南は浜岡の南山丘陵から菊川の北西まで約20km

追跡できるので、鍵層として利用できます。この付近の地層の年代は260万年前頃です。

この側道では凝灰岩層の堆積の様子まではよくわかりませんので、凝灰岩層の堆積の様子についてはつぎの五百済凝灰岩層で観察します。

4-3 五百済凝灰岩層

白岩から南下し、応声教院を過ぎて、耳川まで移動します。ここから西へ方向を変えて歩くと右側に記念碑があります。ここを北に向かうと、道路わきの崖に白色の地層がはっきり見えます。これが五百済凝灰岩層です（図E-11 ③）。白岩から歩いてくる間で見られる地層はすべて堀之内砂岩シルト岩互層です。

五百済凝灰岩層は浜岡の南山丘陵北端の堀の内から北へ、大石、東平尾、桶田、本所で観察できますが、東平尾が最も観察しやすく、この露頭は厚さが15 m、泥質の細粒部分と砂質で軽石（パミス）を伴う粗粒部分が互層しています（**図 E-13**）。構成粒子は火山ガラス片が多く、黒い部分には黒雲母、角閃石が含まれています。堆積物が海底をすべって、地層・葉理などが破断されて、乱されながら二次堆積したスランプ構造も見られます。大量の火山灰を含む降下物が一度に堆積したと考えられます。

図 E-13 五百済凝灰岩層

このように、地層をよく見ていくと、砂の多い部分、泥の多い部分、パミスの多い部分などがあり、色々な岩石を見ることができます。さらに、ラミナが発達し、地層とは違った方向の堆積が数多く見られます。スランプ構造が観察されて、堆積するときの水の動きを反映している部分もあります。

この露頭で凝灰岩層の堆積を観察しましょう。地層の年代は凝灰岩に含まれる鉱物を利用して240万年前と測定されています。ここから西に向かって歩きますが、堀之内砂岩シルト岩層は西に傾斜しておりますので、西へ進むにしたがって、新しい年代の地層が露出することになります。

五百済凝灰岩層の露頭の向かい側の茶畑の農道を西平尾に向かうと、左側の茶畑の崖に西平尾凝灰岩層が露出します。整地が進んで崖が少なくなっていま

すが，二組になった凝灰岩層が観察できます。

　掛川層群にはこのように名前の付いた凝灰岩層がいくつか知られていますが，凝灰岩層は周囲の砂岩泥岩互層に比べて，白色で，風化しにくいため，野外でよく目立ちます。同じ凝灰岩層は地層の延びる方向に露出しているので，追跡でき，同じ年代の地層を指示する優れた鍵層として，掛川層群の年代層序区分に役立ちます。野外で追跡した凝灰岩層の露出地点を地形図に記入してみると鍵層の意味がよくわかると思います。

　ここまで歩いてくる間に見える地層はすべて掛川層群堀之内砂岩シルト岩互層で，西へ進むにしたがって新しい年代の地層になりますが，掛川層群上部の地層は掛川駅から出発する別のルートで説明します。

5. 掛川市街から南へ―掛川層群上部層・曽我層群・小笠山礫層―

　掛川駅から南側に分布する掛川層群上部の地層を歩いてみます。菊川周辺で堀之内砂岩シルト岩互層を見学しましたので，つぎに掛川層群上部の土方(ひじかた)シルト岩，曽我層群を見ることにします（図 E-14）。

〔みどころ〕　土方シルト岩，高御所凝灰岩層，掛川貝化石，曽我層群，小笠山礫層

〔交通〕　JR 掛川駅で下車して，西に歩き，長谷の貝化石産地に向かいます。

〔地形図〕　5万分の1

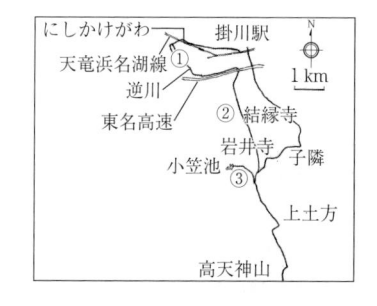

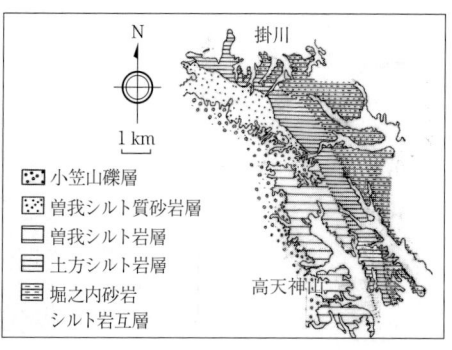

図 E-14　ルート図①〜③および地質図

「掛川」・「磐田」

5-1 長谷の貝化石

掛川駅の西方,天竜浜名湖線「にしかけがわ」南西方向の逆川右岸に露出する土方層のシルト岩の露頭に貝化石が産します(図 E-14 ①,**図 E-15**)。貝殻片の密集層もありますが,完全な個体を採取するのは難しいです。しかし,貝殻片の密集している層をよく見ると肉眼で見えるほどの大きな有孔虫化石があります。ルーペで十分わかりますので,露頭で個体を採取することができるほどです。また,まわりの貝殻片を含むシルトをもち帰り,器(ビーカーなど)に入れて,乾燥させ,乾燥したシルトに水を入れますとシルトは簡単に崩れて,どろどろになります。この試料を篩に入れ,上から水をかけて洗うと,篩に小さな生物の化石が残ります。大部分が有孔虫の化石です。ルーペで観察してみましょう。化石の産状を記録して,地層の走向をはかることもできます。

図 E-15 長谷の貝化石産地

5-2 土方シルト岩層と曽我シルト岩層

長谷の貝化石を産する地層は,掛川層群最上部の土方シルト岩層です(図 E-14 ②,**図 E-16**)。土方シルト岩層は現在の掛川市土方付近に分布する青灰色で塊状の泥岩を指しますが,土方付近では塊状のシルト岩は上位の曽我層群から小笠山礫層の基底部まで連続します。そこで,掛川層群の最上部の地層を土方シルト岩層,曽我層群の地層を曽我シルト岩層として区別します。掛川層群と曽我層群の境界は掛川層群最上部の高御所凝灰岩層と曽我層群最下部の曽我凝灰岩層の間にあります。

長谷の露頭観察が終わったら,逆川

図 E-16 土方シルト岩層

E. 御前崎から掛川地域　139

を渡り南に移動します。東名高速道路に突きあたりましたら，東に向きを変えて小笠山の麓を通り，結縁寺の西側を南に進むと小笠山運動公園と掛川‐浜岡線を結ぶ道路にぶつかりますが，さらに南に進むと道路両側に露出する地層はすべて土方シルト岩層です。板沢方向へ向かう交差点付近で土方シルト岩が広く露出し，交差点右側の茶畑の崖に掛川層群最上部の高御所凝灰岩層が露出し，貝化石が含まれていることもあります。最近この道路は岩井寺まで延びていますが，道路両側の崖は人工的に保護されて露頭は見えません。この間に土方シルト岩層から曽我シルト岩層，さらに小笠山礫層に変わります。道からわきに見える露頭で確かめられます。

　曽我層群は南部ではシルト岩で北西部ではシルト質砂岩層に移り変わります。下位の掛川層群とは南部では整合，北西部では不整合の関係にあります。

5-3　小笠山礫層

　小笠山ではどこでも，小笠山礫層（図 E-14 ③）を見学することができます。掛川‐浜岡線からは子隣を右折して西に向かうと，岩井寺付近で大きな採石場が見えます。ここでは小笠山礫層の礫を大量に採取しています。新設された道路で，岩井寺で右折すると小笠神社や小笠池に入る交差点に出るので小笠池まで進みます。小笠山礫層は小笠池のわきに大きな露頭があります（**図 E-17**）。

図 E-17　小笠池の露頭

落石危険とされていますので気を付けてください。崖の下部は曽我層群最上部になりますが砂質の泥岩で，著しいスランプ構造が見られます。砂質の泥岩が固まらない前に地すべりなどで移動し，乱されながら堆積したために，大きな弧状の褶曲した地層，乱れた地層ができたと考えられます。間に中礫なども含まれているのがわかります。上部は礫層が1列に並んでいるのが見えます。

　南にある高天神山（132 m）も小笠山礫層からなる山です。曽我シルト岩層を基盤に小笠山礫層がのっています（**図 E-18**）。この一帯は比較的固まった礫層のほうが泥岩より侵食に抵抗して，取り残されて急な崖をつくっています。

ここでは下位の曽我層群の曽我シルト岩層から砂岩層、小笠山礫層への変化を見ることができます。一番下の駐車場の右側の茶畑の崖には曽我シルト岩層が露出しています。城址の入り口から階段を登り始めると砂岩層に移り変わります。その中で凝灰岩層がわずかに見られますが、曽我層群最上部の

図 E-18 高天神山の小笠山礫層

凝灰岩層で97万年前と測定されています。砂岩層の上には小笠山礫層がのっています。礫層の堆積を観察すると礫が水平に並んでいたり、斜めに傾いて並んでいたりします。これは水流によって礫が運ばれ、堆積するときに、地層面とは違う方向に堆積物が移動することによってつくられます（ラミナ、またはクロスラミナと呼ばれます）。

小笠山礫層の堆積は更新世前期（50〜90万年）とされています。天竜川と大井川の扇状地性三角州や海底谷に堆積した礫層が隆起したものです。スランプ構造や砕屑粒子が水流の働きを受けて、粒子の長軸が流れに平行になったり、直行したりするインプリケーション構造などが見られます。

6. 掛川市街の北西部から北へ—掛川層群・西郷層群・倉真層群の地層—

掛川市街を北西部から北に向かって歩くことによって、掛川層群上部層と下部新第三系とされる倉真層群と西郷層群を見ることができます（**図 E-19**）。

〔**みどころ**〕 掛川層群天王シルト質砂岩層、細谷凝灰岩層、西郷層群西郷泥岩、倉真層群松葉珪質シルト岩層

〔**交通**〕 JR掛川駅から天竜浜名湖線に乗り換え、いこいのひろば駅で下車。

〔**地形図**〕 5万分の1「掛川」・「磐田」

6-1 掛川層群天王シルト質砂岩層

天竜浜名湖線を「いこいのひろば」で下車、静岡県総合教育センター方向へ向かい、総合教育センターの手前を左折して静岡よみうりゴルフ場方向へ向か

E. 御前崎から掛川地域　141

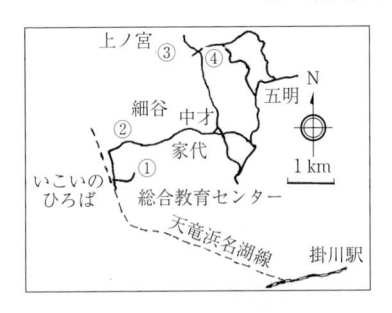

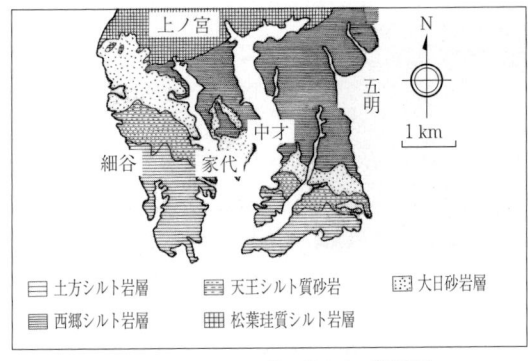

図 E-19 ルート図①〜④および地質図

うと，すぐ右側の田畑の崖に地層が露出しています。この地層は掛川層群上部層にあたる天王シルト質砂岩層です（図 E-19 ①，**図 E-20**）。この露頭は厚い砂岩層の部分と砂岩層とシルト岩層との互層部分で形成されています。

天王シルト質砂岩層には貝化石を含む部分もありますが，この露頭では大

図 E-20 天王シルト質砂岩層

型の化石は見られません。シルト部分をハンマーで採取して，岩石の表面をルーペで拡大すると，小さな白い粒々が見えます。これは有孔虫の化石です。崖を壊さない程度に試料を採ってもち帰り，家での研究材料にするのもよいと思います。この露頭は現在雑草や成長途中の樹木でおおわれていて，鮮明に見

えませんが、この写真の中央部で左右がずれています。道路から確認して、近付いて地層の食い違いを調べましょう。

6-2 細谷凝灰岩層

掛川－天竜線の道路に戻り、北に向かい、家代方面入口を右折して進みます。右側の道脇の崖には掛川層群が露出し、トンネルの手前、茶畑のわきの崖に細谷凝灰岩層（図 E-19 ②）が露出しています。崖が崩れて白色から黄白色の凝灰岩層の塊が落ちていますので、細谷で細谷凝灰岩層の特徴を調べておきます。細谷凝灰岩層は南東へ森平、掛川市街を隔てて南方へは大谷、小貫、田ヶ池まで追跡できます。掛川層群の有効な鍵層の一つです。また、細谷凝灰岩層の直下の層準から浮遊性有孔虫 *Globorotalia truncatulinoides* 化石の初出現が確認されています（**図 E-21**）。この浮遊性有孔虫化石は年代層序の基準に使われる種で、この種の

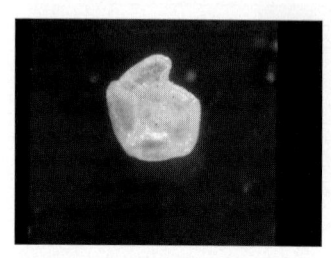

図 E-21 浮遊性有孔虫 *Globorotalia truncatulinoides* の化石

出現によって、この地層の堆積年代は 200 万年前となります。トンネルを過ぎても左右の崖には掛川層群が露出します。

掛川貝化石群 西部地域に分布する掛川層群は大日砂岩層、天王シルト質砂岩層、土方シルト岩層、油山砂岩層からなります。掛川層群大日砂岩層や天王シルト質砂岩層には、しばしば貝化石が密集して産出します。これらの群集は掛川貝化石群といわれ、古くから日本の代表的な鮮新世の黒潮型動物群として知られてきました（**図 E-22**）。化石を産する露頭はゴルフ場、住宅、工場、畑などに造成され、ほとんど見られなくなりました。それでも小さな露頭で貝化石を採集することができますので、貝化石について説明します。

大日砂岩層は掛川市街から北西に分布します。新鮮な露頭では青灰色をしていますが、風化すると褐色になります。中粒砂層で粒がよくそろっています（分級度が高い）。産出する貝化石によって、現在の遠州灘のような環境に堆積したと考えられています。厚さは 200 m、産出する貝化石は約 200 種。ナミウチツキヒガイ、ビノスガイ、カケガワサトウガイ、カケガワキリガイダマシ、

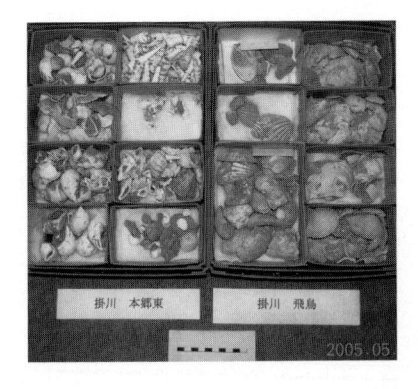

図 E-22 掛川貝化石群

スウチキサゴ，カケガワバイなどがおもな構成種です。いずれも外洋に面した沿岸の浅海に生息したもので，この付近にすむ現生種に似ている祖先型を多く含んでいます。また，キリガイダマシのような熱帯地域に現在すんでいる種に近縁な種が多いことも特徴です。

6-3 倉真層群松葉珪質シルト岩層

つぎに 373 号線を北に向かい，上の宮方向に進みます。上の宮の雨桜神社わきで倉真層群松葉珪質シルト岩層の露頭があります（図 E-19 ③，**図 E-23**）。

倉真層群の地層は孕石礫岩層，天方砂岩層，戸綿シルト岩層，東道砂岩シルト岩互層，松葉珪質シルト岩層からなります。倉真層群の基底は断層で古第三紀の三倉層群と接していますが，両者は不整合の関係で基底には三倉層群から運ばれた礫岩が入っています。このルートでは最上位の松葉珪質シルト岩層を観察します。

図 E-23 松葉珪質シルト岩層

松葉珪質シルト岩層の間には薄い凝灰岩層がしばしば挟まれていますが全体は硬質のシルト岩層です。ハンマーで叩いて，地層の硬さを調べてみましょう。掛川地域のほかの地層と比べると硬さの違いがわかります。珪質シルト岩層には放散虫化石が入っていますが，岩石が硬すぎて取り出すことは困難で

す。ここでは地層の走向と傾斜が測定できます。

6-4 西郷層群西郷シルト岩層

雨桜神社で露頭観察した後，引き返し，81号線に出て東に向かいます。右前方の茶畑に入る農道を登ります。すべて西郷シルト岩層を崩してできた茶畑です。開墾が進んで泥岩の大きな露頭が見えなくなりましたが，風化した泥岩がいたる所に露出します。西郷層群の地層は同時異相の関係にある新在家緑色凝灰岩層と西郷シルト岩層からなります（図E-19④，**図E-24**）。

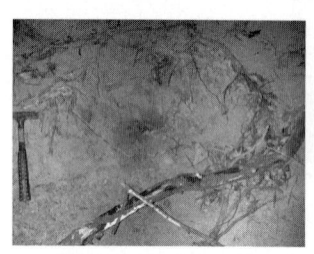

図 E-24 西郷シルト岩層

西郷シルト岩層は緻密，塊状，青味を帯びた暗灰色ないし黒色の泥岩で，下部の倉真層群を不整合に被っています。西郷シルト岩層と新在家緑色凝灰岩層からは大型有孔虫のレピドサイクリナ，ミオギプシナの化石が出ます。シルト岩部分には浮遊性有孔虫が含まれています。年代決定に利用できる浮遊性有孔虫化石には *Globigerinatella insueta*（N6-N8），*Globigerinoides sicanus*（N8-N9base）があります。この2種の産出によって，地層の年代は N8 の中期中新世初期になります。露頭の表面を削って中の新鮮な泥岩を採取して，有孔虫を取り出しルーペで観察しましょう。

引用・参考文献

1. Ibaraki M. (1986): Neogene planktonic foraminiferal biostratigraphy of the Kakegawa area on the Pacific coast of Central Japan., Repts. Fac. Sci. Shizuoka Univ., **20**, pp. 39-173
2. 茨木雅子（2004）：静岡県の新第三系の年代と堆積環境—浮遊性有孔虫による解析—，Repts. Fac. Sci. Shizuoka Univ., **38**, pp. 1-46

（茨木 雅子）

F. 天竜川流域

1. 流域の概要

　静岡県北西部を流れる天竜川は，水源を長野県の諏訪湖とする日本屈指の一級河川です。天竜川を平野部から国道に沿って北上していくと，しだいに山が高くなっていきます。秋葉山を過ぎたあたりから，天竜川の両岸に標高1000mを超える山が迫るようになります。これらの山々の間を流れる天竜川の両岸の岩石は，変成岩と呼ばれる岩石です。さらに道路沿いに北上して佐久間ダムに向かいます。佐久間ダムは，天竜川が急峻な地形を流れているところをせき止めるようにつくられた水力発電と工業用水のためのダムです。この佐久間ダムを支えているのは，花こう岩と呼ばれる岩石です。また，静岡県北西部の天竜川水系は，変成岩や花こう岩などの大地や山をつくっている岩石と一緒に，中央構造線と呼ばれる大きな断層によってつくられた地形と，マイロナイトやカタクレーサイトという断層岩と呼ばれる岩石の観察を気軽に楽しめるところです。

　本章では，天竜川流域の地学として，主に静岡県北西部の山間部を構成している中央構造線・断層岩・変成岩を紹介します。

2. 地質の説明─領家花こう岩・領家変成岩・三波川変成岩・中央構造線・断層岩─

　天竜川流域の地学を観察できる巡検地を紹介する前に，天竜川流域の岩石について大まかに説明します。岩石にはいろいろなことが記録されています。本書を参考にして岩石を観察しながら，そこに記録されている情報を見つけてみましょう。

　一般に岩石は，火成岩・堆積岩・変成岩の大きく三つに分類されます。天竜川流域に見られるのは，平野部では堆積岩，山間部では火成岩（深成岩）と変成岩です。堆積岩は，天竜川流域のほかにも掛川地域や大井川流域で観察でき

ます。そのため，天竜川流域では主に火成岩（深成岩）と変成岩を見学できる場所を紹介します。

3. 領家花こう岩

　静岡県北西部の山間部に見られる火成岩は，花こう岩という岩石です。火成岩は，岩石が約800℃の高い温度で溶けた状態（マグマ）からしだいに冷えて固まって形成しました。火成岩は，さらに火山岩と深成岩の二つに分けられます。火山岩は富士山のように地表にマグマが噴出して冷えて固まった岩石です。深成岩は，マグマが地表に噴出しないまま，地下30 km程度の深いところでゆっくりと冷えて固まった岩石です。花こう岩は，深成岩に含まれる岩石です。静岡県北西部で観察できる花こう岩は，天竜川のさらに上流にある長野県の天竜峡という渓谷の花こう岩と同じ岩石です。その地名から"天竜峡花こう岩"と名付けられています。天竜峡花こう岩については，昔から詳しく調べられています。現在では，マグマから岩石になったのは今から約9 000万年前であり，それから約6 500万年前までの約3 500万年かけてゆっくりと100℃まで冷えてきたことがわかっています（**図 F-1**）。

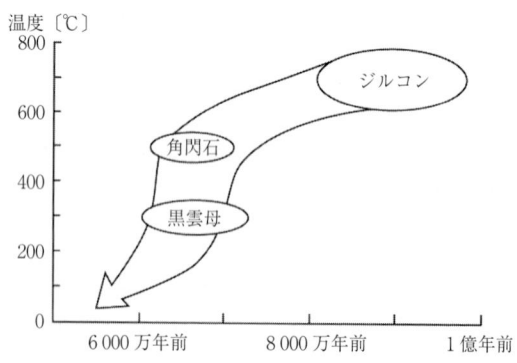

図 F-1　天竜峡花こう岩に含まれるジルコン，角閃石，黒雲母の放射年代から推定された天竜峡花こう岩の冷却史（Michibayashi et al., 1998から作成）

4. 変 成 岩

　変成岩は，火成岩や堆積岩が地下深部に運ばれて熱を受けて変成鉱物に変わることによって形成されます。しかし，運ばれた深さと熱の受け方によって，もとは同じ堆積岩であっても見かけがまったく異なる変成岩になります（**図F-2**）。

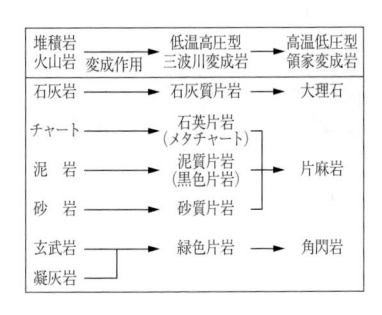

図F-2 三波川変成岩と領家変成岩と，もとの堆積岩と火山岩との関係

　天竜川流域には下流側に三波川変成岩，上流側に領家変成岩と呼ばれる変成岩が分布しています。どちらも変成岩ですが，見かけが異なり，でき方も違う変成岩（**図F-3**）なので，別々の名前がついています。

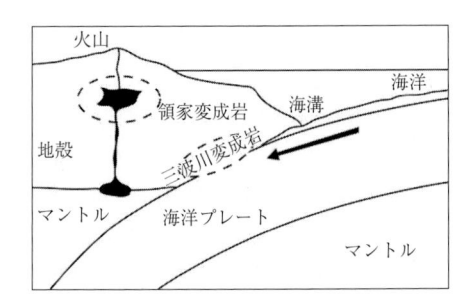

図F-3 領家変成岩と三波川変成岩が形成した場所

5. 三波川変成岩

　三波川変成岩は，関東山地の三波川という地名（埼玉県）に名前の由来があります。見た目の特徴は，緑色の岩石と黒い岩石です。片理と呼ばれる面状の

構造が発達しており（**図 F-4**），ロックハンマーで叩くと片理に沿って容易に割ることができます。そのため，三波川変成岩を三波川結晶片岩と呼ぶことがあります。

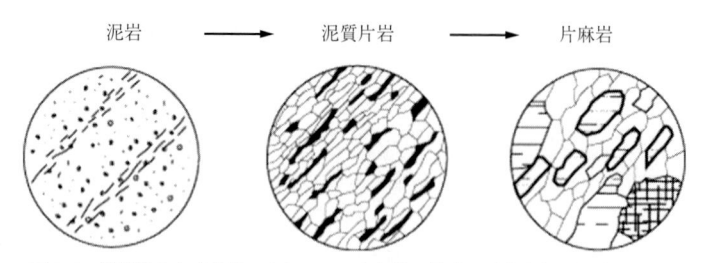

泥岩　→　泥質片岩　→　片麻岩

図 F-4 堆積岩から変成岩に変わっていく組織の模式図（変成作用を受けると，しだいに岩石中の鉱物が大きくなっていく）

緑色の岩石は，緑色片岩と呼ばれる火山岩や凝灰岩の変成岩です。そのほか，砂岩が変成した砂質片岩，チャート（放散虫化石の固まりの岩石）が変成した石英片岩（メタチャート）もまた，緑色の見かけをしています。緑色は，岩石に含まれている鉄とマグネシウムを含む鉱物（アクチノ閃石・緑泥石）が緑色をしているためです。

黒色の岩石は，黒色片岩（泥質片岩）と呼ばれる岩石です。これは，泥岩が変成作用を受けた岩石です。黒い見かけは，もともと泥岩に含まれていた有機物が熱を受けて燃えた後に残された石墨が岩石にたくさん含まれているためです。

これらの三波川変成岩は，温度では300〜400℃，深さとしては圧力では2 000〜6 000気圧で変成岩になりました（**図 F-5**）。この環境は，地下6〜20 kmに相当します。現在，駿河湾の駿河トラフから遠州灘の南海トラフに沿って海洋プレートが沈み込んでいます。三波川変成岩は，この沈み込んだ海洋プレー

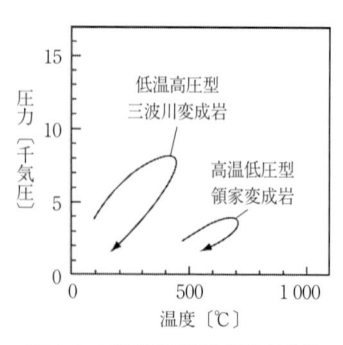

図 F-5 三波川変成岩と領家変成岩の温度と圧力の条件（矢印はそれぞれの履歴を表す）

トの堆積岩や火成岩が地下で温度と圧力が高くなって変成された岩石だと考えられています（図F-3）。また，三波川変成岩は，6000万〜7000万年前に形成されたことがわかっています。

6. 領家変成岩

領家変成岩の名前である領家は，鎌倉時代の「領家と地頭」の領家と同じものです。領家と地頭は現在でも多くの土地に名残がありますが，領家変成岩の領家は，静岡県浜松市水窪町の奥領家から付けられた名前です。つまり，水窪町の奥領家で観察できる岩石が，領家変成岩です。

領家変成岩は，見かけが赤っぽい，または白っぽいのが特徴です。また，領家変成岩は，数cmの太い縞模様がよく発達することから片麻岩と呼ばれる岩石です（図F-4）。しかし，三波川変成岩の片理とは異なり，その縞模様で割れやすいわけではありません。見かけも三波川変成岩とはまったく異なります。赤っぽい岩石は，水にぬれて日光に当てると赤紫色をしています。これは黒雲母という鉱物がたくさん含まれているからです。その他，白っぽい部分は斜長石という鉱物からできています。また，ガラスのように透明性の高い鉱物も見られ，これが石英という鉱物です。

領家変成岩は，黒雲母，斜長石，石英の存在量によって名前がついています。黒雲母が大部分で見かけも赤っぽい岩石は，泥質片麻岩です。もとは泥岩だった岩石が変成作用を受けたものです（図F-4）。黒雲母と斜長石が混ざったような岩石は，砂質片麻岩です。石英が目立った岩石は，珪質片麻岩です。このように述べると，はっきりと区別できそうですが，実際には泥質片麻岩を除くと区別が難しいことがあるので手にとってじっくり観察しましょう。

領家変成岩は，温度500〜700℃，圧力が2000〜3000気圧で変成作用を受けた岩石です（図F-5）。先に述べた三波川変成岩と比べて温度が高く，圧力は低いことがわかります。変成岩になった場所も地下10km付近の温度が高いところ，それは火山の近くだと考えられています（図F-3）。

領家変成岩は三波川変成岩とは見かけも変成環境も異なりますが，もとの岩石はあまり変わらないと考えられています。また領家変成岩は約1億年前に形成されたことがわかっており，三波川変成岩よりもずっと古い変成岩です。

7. 中央構造線と断層岩

中央構造線は，天竜川上流の静岡県北西部で直接観察することができる日本最大の断層帯です。日本列島は地質学的に，糸魚川－静岡構造線を境として，東北日本と西南日本に分けられています（**図 F-6**）。中央構造線は，西南日本をさらに外帯（太平洋側）と内帯（日本海側）に分ける断層です。さらに中央構造線に沿って断層岩と呼ばれる特殊な岩石を観察することができます。それでは，中央構造線の断層としての特徴から述べていきましょう。

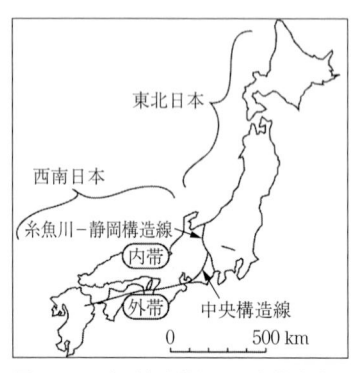

図 F-6 日本列島を横切る中央構造線と糸魚川－静岡構造線

8. 中央構造線

中央構造線は，静岡県北西部から長野県南部に続いていますが，山間部にもかかわらず明確な地形的特徴をもっています。静岡県内では，天竜川の支流である翁川の源流になる水窪町青崩峠から浜松市佐久間町北条峠を横切っています。さらに天竜川の支流である大千瀬川に沿って佐久間町浦川辺りでほぼJR飯田線の線路と一致します。このように静岡県には，中央構造線の良好な観察箇所があります。

中央構造線は大きな断層帯です。それを実感するのは，後で紹介する北条峠や浦川地区において，この断層帯を横切ったときです。まったく見かけの異なる岩石が断層によって接しています。中央構造線のすごいところは，両側に同じ岩石が存在しないことです。このような断層はほかには存在しません。また，断層破砕帯は狭いところで数10 m，広いところでは数100 m あります。これほどの断層の規模をもっていますが，静岡県の中央構造線は現在活動していないと考えられています。

9. 断層岩

断層岩とは，文字どおり，断層沿いに見られる岩石の総称です。断層岩は，断層に切られた火成岩・変成岩・堆積岩が断層運動によって見かけを変化させた岩石のことです。そのため，一般の岩石の分類とは異なることに注意してください。さらに，断層は一般に地下深部の延長部で温度も圧力も大きくなるため，地表とは異なる状態になっています（図F-7）。詳細はほかの専門書にまかせることにして，浅いところでは断層は地震を引き起こしながら岩石を割ってずれています。しかし，さらに深くなり温度が300℃を超えるほど高くなると，断層運動によっても岩石は割れなくなります（図F-8）。そのかわり，軟らかく流れる（塑性流動）ようになります。そのため，浅いところで割れて形成した断層岩と，深いところで割れないで形成した断層岩を区別します。

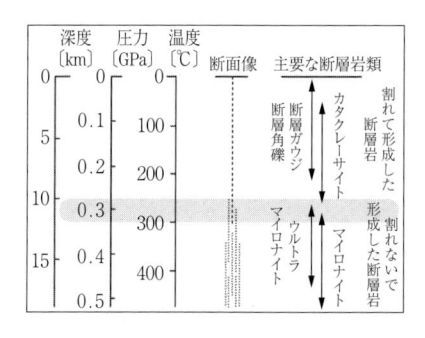

図F-7 断層岩の分類（地表付近では，割れて形成した断層岩として断層ガウジや断層角礫が中央構造線に沿って見られ，それよりも深くなるとカタクレーサイトという断層岩になります。地下10 kmよりも深いところでは，中央構造線に沿ってウルトラマイロナイトやマイロナイトなどの割れないで形成される断層岩になります）

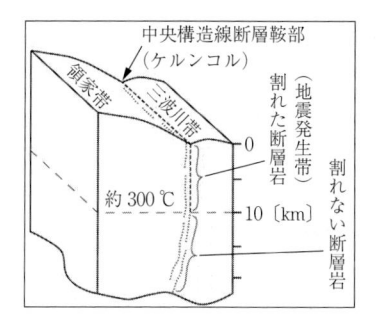

図F-8 中央構造線周辺の断層岩の分布（地表では，三波川変成岩からなる三波川帯と領家変成岩と領家花こう岩からなる領家帯の境界に中央構造線が存在します。地形的には，断層鞍部（ケルンコル）になっています。地下断面では，中央構造線に沿って地下10 km程度までは割れて形成した断層岩が分布し，地下10 kmより深くなると温度が300℃以上になり，割れない断層岩（マイロナイト）が形成されます）

10. 岩石が割れて形成した断層岩と破砕帯

　断層によって岩石が割れるとき，岩石が大きく割れた状態から細かく砕かれた状態，さらに細かく粘土になった状態まで変化します（図F-7）。岩石が比較的大きく割れた断層岩をカタクレーサイトといいます。カタクレーサイトは，見かけにまだもとの岩石を含んでいるため，花こう岩なのか変成岩なのか観察によって判断することができます。さらに砕かれて元の岩石が角礫状になっている断層岩は断層角礫と呼ばれています。また，さらにもとの岩石が完全に砕かれて粘土状になっている部分を断層ガウジといいます。断層ガウジは断層のずれた部分にのみ見られるため，断層そのものといってもよいでしょう。これらの岩石が割れて形成した断層岩の分布する範囲は破砕帯と呼ばれています。中央構造線の破砕帯は数10mから数100mあります。

11. 岩石が割れないで形成した断層岩とせん断帯

　断層は地表で岩石を割っていても，地下深部の延長部では温度と圧力が高いため岩石を割ることはできません。しかし，地表と同じように断層運動よって岩石は大きな力を受けるため，割れるかわりに軟らかく歪んでいきます。割れないで形成した断層岩も，割れて形成した断層岩と同じように，もとの岩石を判断できるものがあります。これらは大きな鉱物が流れたような組織であることが多く，マイロナイトと呼ばれる断層岩です（図F-7）。さらに大きな力を受けて歪むと全体として細粒になり，比較的大きな鉱物の量が少なくなります。一見すると堆積岩や凝灰岩に間違えそうな断層岩をウルトラマイロナイトといいます。ウルトラマイロナイトは，その見かけの印象とは反対に，マイロナイトよりもずっと強く断層運動の影響を受けた断層岩と考えられています。

　岩石が割れないで形成した断層岩は，見かけ上縞模様がはっきりしている場合があります。さらにこの縞模様の面にはっきりした筋が見えます。これは断層岩の重要な特徴であり，縞模様の面は断層運動の面に相当し，その面上の筋は断層の運動方向の痕跡です。

　岩石が割れないで形成した断層岩の分布する範囲はせん断帯と呼ばれています。せん断帯は地下10km程度の深部で形成されるのですが，かつての断層

F. 天竜川流域　153

運動によって中央構造線沿いに地表に露出しています。

12. 見　学　地

それでは、これまでに説明してきた岩石を実際に観察できる場所を紹介していきます。

12-1　白倉峡の散歩道—三波川変成岩の渓谷—

〔**みどころ**〕　三波川変成岩、黒色片岩、緑色片岩。
〔**交通**〕　最寄り駅は天竜浜名湖鉄道の天竜二俣。そこから約12km。
〔**地形図**〕　2万5千分の1「秋葉山」、5万分の1「天竜」

白倉峡は、天竜川流域の三波川変成岩を連続して観察できるよいルートです。天竜川に沿って国道152号を北へ上がっていくと、最初に三波川変成岩の分布する山間部に入ります（**図 F-9**）。秋葉ダムの南にある国道152号の西川橋から県道361号（白倉西川線）へ入り、白倉峡方面へ約6km登っていくと白倉に着きます。公衆トイレの横の白倉峡遊歩道入り口から白倉川に降りていくと、岩場の峡谷に降り立ちます。そこが白倉峡です（図F-9）。

白倉峡は、遊歩道が整備されており、さまざまな三波川変成岩が白倉川と森林とともに見事な景観をつくりだしています。変成岩として、泥質、砂質、珪質（石英）および苦鉄質片岩と蛇紋岩が露出し、石灰質片岩を除いてこの地域

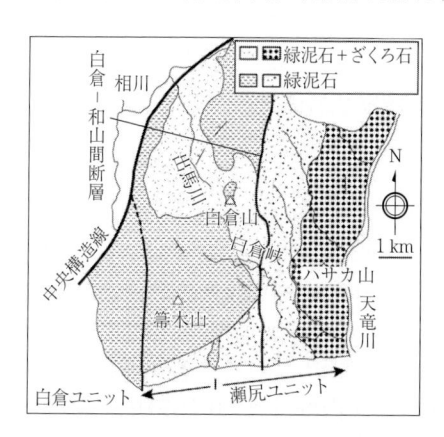

図 F-9　天竜 - 佐久町地域の三波川帯の変成岩分帯（Tagiri et al.（2000）を簡略化した榎並・後藤（2006）をもとに作成）（天竜川の支流である白倉川の上流に白倉峡があります）

に分布するほぼすべての主要岩石を観察することができます（**図 F-10**）。遊歩道に沿って下流の竹十淵から上流の再会橋にかけて，順に泥質・砂質片岩，苦鉄質片岩，珪質片岩の露頭が観察できます。また，蛇紋岩と紅れん石片岩の薄い層もあるので，探してみるのもよいでしょう。さらに，これらの岩石をじっくりと観察すると，白い斑点状の鉱物（斜長石）を確認できます。このような三波川変成岩は点紋片岩と呼ばれることがあります。点紋片岩は，三波川変成岩のなかでも変成作用時の温度が最も高かった部分で観察できる変成岩です。また，ざくろ石が見つかるかもしれません。白倉峡では，遊歩道を上流に歩いて行くと，しだいに斑点状の鉱物は小さくなっていくので，歩きながら観察してみましょう。このことから，上流側（つまり西側）では，変成作用が弱くなっていることが推察されます。

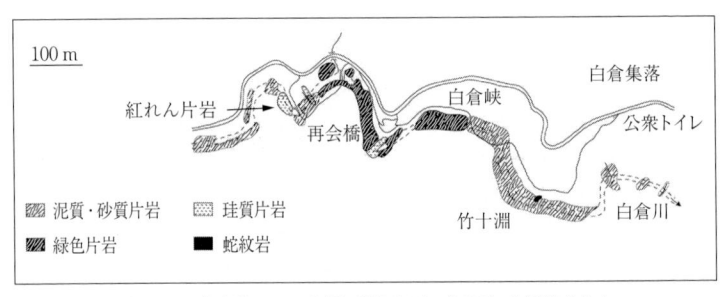

図 F-10 白倉峡のルート図（増田ほか（2003）を簡略化した榎並・後藤（2006）をもとに作成）

12-2 佐久間ダム─領家花こう岩の大岩壁─

〔みどころ〕 領家花こう岩，大渓谷

〔交通〕 最寄り駅は JR 飯田線の中部天竜。そこから約 3 km。

〔地形図〕 2 万 5 千分の 1「中部」，5 万分の 1「佐久間」

　佐久間ダムは，静岡県を流れる天竜川北端の大峡谷に建設された日本有数の規模をほこるダムです（**図 F-11**）。昭和 30 年代の高度経済成長を支えるための水力発電を目的として建設されましたが，最近では多目的ダムとして機能するための再開発が進んでいます。ダムによって生成した人造湖は佐久間湖と呼ばれています。ダム周辺は天竜奥三河国定公園に指定され，四季折々の景観を楽

F. 天竜川流域　155

図 F-11 佐久間ダムの全景（佐久間ダムは領家花こう岩の急峻な地形をふさぐ形で建設されました。ダム周辺で花こう岩を観察することができます）

しむことができます。この佐久間ダムの礎となっているのは，領家花こう岩です。

国道473号から佐久間ダムに続く道に進みます。いくつかのダムに至るトンネルを抜けて最後のトンネルの途中に横穴が掘られています。この横穴を通って断崖絶壁の展望台に出てみましょう。そこから佐久間ダムの全景を眺めることができます（図F-11）。佐久間ダムは，高さ155.5mの重力式コンクリートダムとして，威風堂々と構えています。この展望台をはじめとして，トンネルの出口付近などのダムの周辺で領家花こう岩を観察できます。肉眼で鉱物を確認できるほどの粗粒から中粒の花こう岩です。黒い鉱物は黒雲母，白色の鉱物は斜長石とカリ長石で，そのすきまに灰色に見える石英が見られます。濃緑色の鉱物があれば，角閃石です。全体として，鉱物の並びに方向性が見えますが，それは花こう岩が未固結のマグマだったときの流れた痕跡です。

花こう岩は数kmから数10kmの規模をもつ大きな岩塊です。佐久間ダム周辺の急先鋒の山々と深い渓谷から，その規模の大きさを実感してみましょう。

12-3　北条（ホウジ）峠の中央構造線

〔**みどころ**〕　中央構造線の断層地形，三波川変成岩の断層角礫，領家変成岩

〔**交通**〕　最寄り駅はJR飯田線の佐久間。そこから約6km。

〔**地形図**〕　2万5千分の1「佐久間」，5万分の1「佐久間」

JR飯田線佐久間駅前から右折して国道473号に入り，数10m進んで左折し県道城西佐久間線に沿って山を登ります。急峻な県道は佐久間町の佐久間地区と城西地区を結ぶ峠越えの道ですが，中央構造線にほぼ平行なルートになっています（**図 F-12**）。そのため，この県道沿いに中央構造線の特徴をその両側の岩石とともに観察していくことができます。北条峠はこの県道の峠です。

北条峠周辺は比較的整備が進み「ホウジ峠の中央構造線」として県の天然記念物に指定されています。北条峠から北東方向を望むと山の尾根が不自然にくぼんだ所をはっきりと確認できます。これは，中央構造線の破砕帯が侵食された典型的な断層鞍部（ケルンコル）です（**図 F-13**）。

また，北条峠には民族文化伝承館が建てられています。江戸時代の民家を移築したもので，週末には郷土料理も味わうことができます。この建物は中央構造線の破砕帯の直上にあたり，その周辺に断層運動によって黒色から緑色を呈する破砕された断層角礫が観察されます（**図 F-14**）。これらは三波川変成岩類の黒色片岩や緑色片岩が破砕されたものです。ところどころに挟まれている白色または乳白色の塊は石英や方解石の脈が断層運動によって引きちぎられたものです。解説板も設置されているので，それを参考にすると理解しやすいでしょう。

また，民族文化伝承館の北側の林道を上っていくと，茶褐色を呈した面構造のよく発達した岩石が露出しています。これらは，領家変成岩類の珪質および泥質片麻岩ですが，中央構造線の影響を受けた断層岩であることがわかっています。

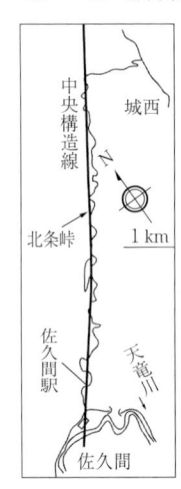

図 F-12 北条峠を横切る中央構造線（佐久間町の佐久間地区と城西地区を結ぶ県道沿いに中央構造線は存在します）

図 F-13 北条峠から北東側を望む。前方の尾根が中央構造線沿いの侵食によってへこんだ断層鞍部（ケルンコル）になっています。

図 F-14 北条峠の民族文化伝承館の土台となっている中央構造線によって破砕され，断層角礫になった三波川変成岩

F. 天竜川流域　157

12-4　青崩峠の塩の道—中央構造線と領家変成岩—

〔みどころ〕　青崩峠（あおくずれ），領家変成岩，V字谷

〔交通〕　最寄り駅はJR飯田線の水窪駅。そこから約15 km。

〔地形図〕　2万5千分の1「水窪湖」，5万分の1「佐久間」

　青崩峠は，天竜川の支流の一つ翁川の水源に位置し，静岡県と長野県の県境となる分水嶺の峠です。標高は1 082 mの峠であり，国道152号の点線国道区間で未通区域となっています。水窪町から国道152号を北上し，草木トンネルへ続く陸橋の手前を右に入って，狭い道を進んでいきます。神社を抜けて，しばらくすると駐車スペースがあります。駐車スペースから青崩峠までは，徒歩で約30分ですが，かつての塩の道であった当時のように石段が遊歩道として整備されており，要所には当時の様子を記した看板があるので，ゆっくりと楽しく登っていきましょう。

　青崩峠の名前の由来は，長野側の急斜面に露出した青い岩石からつけられています。この青い岩石は，領家花こう岩が中央構造線の断層運動と熱水によって変質しながら割れて形成された断層岩です。青崩峠には，長野県側に下る歩道と西側の熊伏山に向かう登山道がありますが，どちらの道からも，青い岩石の急斜面を眺めることができます。青崩峠から西側への登山道からは，長野県側のV字谷を望むことができます（**図F-15**）。晴れた日には，南アルプスの山並みまで鮮明です。このV

図F-15　青崩峠から北の長野側を望む。見事なV字谷は中央構造線沿いの侵食によって形成されました。

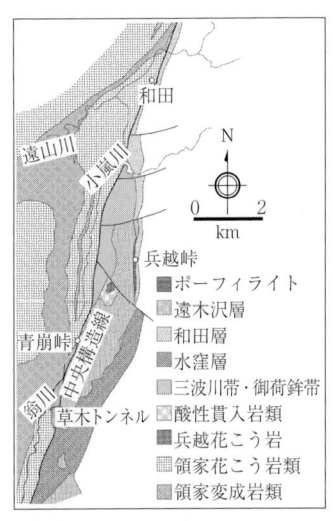

図F-16　青崩峠周辺の地質略図（山本ほか（1997）を一部簡略化）

158　Ⅱ．静岡県の地学めぐり

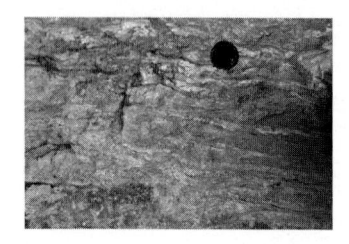

図 F-17　水窪側から青崩峠に向かう道路わきの領家変成岩である片麻岩。白い縞模様は主に石英からなる珪質片麻岩であり，赤紫色をした主に黒雲母からなる泥質片麻岩と互層しています。

字峡谷もまた中央構造線の断層地形です。

　青崩峠に至る道路沿いに観察される岩石は領家変成岩です（**図 F-16**）。泥質片麻岩と珪質片麻岩が主体ですが，ところどころに白い脈が縞状にはいっているのが観察できます（**図 F-17**）。これらはマグマ起源のペグマタイトの脈です。領家変成岩が，マグマと接するくらいに高温状態であった痕跡です。

12-5　飯田線浦川駅周辺の地質ハイキング—中央構造線と断層岩—

〔**みどころ**〕　三波川変成岩，中央構造線と断層岩，領家花こう岩

〔**交通**〕　最寄り駅はJR飯田線の浦川駅。浦川駅を起点として周囲2km。

〔**地形図**〕　2万5千分の1「中部」，5万分の1「天竜」

　天竜川の支流である大千瀬川を上流に向かうと佐久間町浦川にたどり着きます。JR飯田線の駅もあるので，今回紹介しているルートでは唯一公共交通機関だけで行けるところです。この浦川駅を出発地として，中央構造線周辺の手軽な地学散歩を楽しみましょう（**図 F-18**）。

　浦川駅を出発地として最初に浦川小学校に向かいます。そして小学校の裏手を流れる相川に下りると，小学校の校庭の土台となっている三波川変成岩の露頭があります。そこでは，緑色片岩と蛇紋岩を観察で

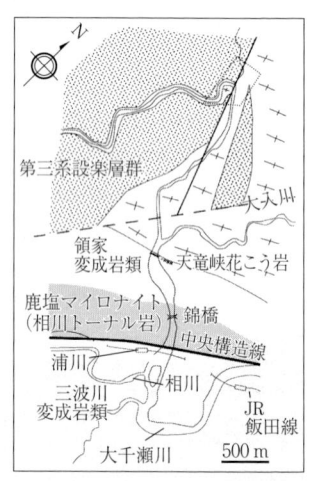

図 F-18　佐久間町浦川周辺の簡易地質図。JR飯田線とほぼ平行に中央構造線が存在します（道林・大友(2003)をもとに作成）。

F. 天竜川流域　159

きます。さらに緑色片岩には見事な褶曲構造を確認できます。

続いて，浦川駅の方向に戻り大千瀬川の中州に位置する浦川キャンプ場に向かいます。つり橋の手前で前方の島中峠の地形を観察してみましょう。国道の島中峠から左側（上流側）に尾根をたどっていくと，一度へこんでから急斜面になっている様子がわかります。そのへこんだ部分は中央構造線による断層地形である断層鞍部（ケルンコル）です（**図 F-19**）。中央構造線は，その断層鞍部から線路とほぼ平行に続いています。

図 F-19　大千瀬川の右岸から線路沿いに北東を望む。写真の右側は中央構造線によって破砕された三波川変成岩，左側は中央構造線の地下深部約 10 km で形成されたマイロナイトが地表に露出しています。

大千瀬川の中州に位置する浦川キャンプ場までつり橋を渡っていきます。つり橋を降りてすぐに右折して歩道に入り，そのまま大千瀬川の河床に下りてください。それからつり橋の下に向かう河床やキャンプ場の土台に，三波川変成岩の泥質片岩や石英片岩を観察できます。これらの三波川変成岩は小学校の下よりも強く横ずれ変形を受けているように見えます。

その後，浦川キャンプ場からもう一つのつり橋を渡って，島中峠まで登ります。島中峠から大千瀬川の下流側を望むと直線的な地形が続いている様子がわかります。これもまた中央構造線による断層地形です。国土地理院発行の 2 万 5 千分の 1 地形図の地形にも，これらの断層地形を見出すことができます。地図から断層地形を見つけてみましょう。

つぎに，島中峠から国道沿いに錦橋に向かって下っていきます。数 10 m 下ると，ちょうど飯田線のトンネルの上側のあたりに中央構造線の破砕帯の露頭があります。説明板があるので，すぐにわかります。この破砕帯は，中央構造線による断層運動によって三波川変成岩が断層角礫や断層ガウジになったものです。緑色と黒色の細かな岩石が観察できますが，緑色の岩石は緑色片岩，黒色の岩石は泥質片岩です。この島中峠付近の破砕帯は幅として 100 m 以上あ

り，中央構造線のなかでも大規模なものと考えられています。

さらに国道を下っていき錦橋に向かいます。そして錦橋を渡らないで，そのまま左岸沿いの狭い町道に入ります。この錦橋から左岸の町道沿い約150 mは，断層の地下深部に発達するせん断帯の断層岩を観察できるよい露頭です（**図 F-20**，**図 F-21**）。ここで観察される深成岩のマイロナイトは中央構造線の最も典型的な断層岩です。さらに，日本で最も古くから知られた断層岩であり"鹿塩片麻岩"と呼ばれました。現在では，中央構造線の地下深部で領家花こう岩が断層運動によって形成したマイロナイトと考えられています。ここでは，その由来にちなんで"鹿塩マイロナイト"と呼びましょう。

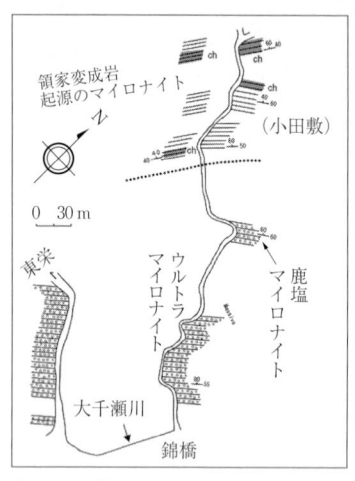

図 F-20 錦橋から大千瀬川の上流側のルート図（マイロナイトと領家変成岩の断層岩を観察することができます）

図 F-21 右岸から左岸のマイロナイトの露頭を望む。露出しているのは，ウルトラマイロナイトです。

鹿塩マイロナイトは，緑色の見かけに加えて，強い面構造と線構造をもつのが特徴です。見かけが緑色を呈するのは，変質作用によって黒雲母が消失し緑泥石が生成しているためです。また，ルーペなどで拡大すると，比較的粗粒な白色や黒色の斑点が観察されます（**図 F-22**）。これらは花こう岩が断層運動によって細かい結晶に変わった中で比較的大きく残された斜長石と角閃石の結晶で，残晶（ポーフィロクラスト）と呼ばれています。錦橋では，残晶の大きさ

F. 天竜川流域

図 F-22 鹿塩マイロナイトの露頭。白い斑点状の組織と縞模様で特徴付けられるこのマイロナイトは，花こう岩が中央構造線の地下深部の運動によって形成されたものです。

図 F-23 錦橋の上流，小田敷橋下の領家変成岩。これは珪質変成岩（メタチャート）ですが，中央構造線の地下深部の運動によって断層岩化してマイロナイトになっています。

を観察することで断層岩の発達具合をある程度知ることができます。錦橋に近い露頭では，残晶は大変小さく，その量も少なくなっています。これはせん断帯で最も発達した断層岩であるウルトラマイロナイトです。

町道を上流側に登っていくと，説明板があります。その説明板のある沢の河床部に見られる鹿塩マイロナイトは，全体として粗粒な残晶を多く含んでいます。中央構造線からしだいに遠ざかると断層岩の発達が弱くなるため，ウルトラマイロナイトからマイロナイトに変化します。

さらに上流側に登っていくと，道路沿いの露頭は領家変成岩起源のマイロナイトに変化します（**図 F-23**）。もしロックハンマーをもっているなら，岩石を割って新鮮な面を観察してみましょう。道路沿いはほとんどが硬い珪質片麻岩起源のマイロナイトです。このマイロナイトは肉眼では通常の変成岩と区別することは難しいのですが，最近の研究の進展によって，領家変成岩が塑性せん断変形したマイロナイトであることが明らかにされています。領家変成岩起源のマイロナイトは大千瀬川にかかる小田敷橋付近で終わり，さらに上流部には天竜峡花こう岩が分布しています。ここから浦川駅までは徒歩で約 30 分です。

このように浦川駅を出発地として，数時間のハイキングで三波川変成岩〜中央構造線の断層岩〜領家花こう岩まで，一通りの岩石を観察することができます。何度も同じ露頭で同じ岩石を観察することで，しだいに岩石を観察する力がついてきます。四季折々の景色を楽しみながら，歩いてみましょう。

引用・参考文献

1. 榎並正樹・後藤益巳（2006）：佐久間—天竜地域の三波川結晶片岩，海洋プレート沈み込みに伴う高圧低温型変成作用の代表的露頭，日本地方地質誌第4巻「中部地方」，日本地質学会編，pp. 244-247，朝倉書店

2. 増田俊明・田切美智雄・安藤伸・落合達也・谷口裕美枝・谷本一樹（2003）：天竜地域の三波川変成帯，日本地質学会第110年学術大会（2003静岡）見学旅行案内書，pp. 21-41

3. 道林克禎・大友幸子（2003）：浦川周辺の中央構造線沿いに分布するマイロナイト，日本地質学会第110年学術大会（2003静岡）見学旅行案内書，pp. 11-20

4. Michibayashi, K., Makino, T. and Yoshida, S. (1997)："Xenolith windows": intensely deformed mylonites entrained in the Tenryukyo granite, the Ryoke belt, central Honshu, Japan. 地質学雑誌，**103**，pp. 1053-1064

5. Tagiri, M., Tago, Y. and Tanaka, A. (2000)：Shuffled-cards structure and different P/T conditions in the Sanbagawa metamorphic belt, Sakuma-Tenryu area, central Japan. The Island Arc, **9**, pp. 188-203

6. 山本啓司・松島信幸・河本和朗・大河内篤史（1997）：赤石山地の中央構造線における東側上方変位の逆断層運動，地質学雑誌，**103**，pp. 912-915

（道林　克禎）

G. 浜名湖周辺

1. 地域の概要

浜名湖は周囲114 km，水域面積65 km^2，平均水深4.6 mで，今切れ口で遠州灘とつながり海水の流入する汽水湖です。浜名湖には，三方原台地，湖西連峰，奥浜名湖の連山などから水が供給されています。

現在の浜名湖が形成される以前，10数万年前から40万年前の間氷期にあたる頃には，現在の浜名湖のまわりにはもっと大きな内湾が広がっていました。この大きな内湾に堆積した砂や泥が佐浜泥層といわれるもので，貝化石を産します。これらの貝化石は現在の浜名湖に生息する貝類とよく似ており，内湾に生息する種類です。また，まわりの森林にはナウマンゾウ，シカなどの脊椎動物が生息していたと思われます。これらの脊椎動物の化石が佐浜泥層から産出しています。さらに，引佐町谷下では石灰岩の割れ目にたまった堆積物からワニ，カメ，フナなどの淡水動物の化石が無数に産出しましたが，同じ頃に堆積したものと考えられています。

浜名湖東側に広がる三方原台地（第四紀更新世）は昔の天竜川の氾濫原で，堆積した礫層が10数万年前に隆起し生じた洪積台地です。この三方が原礫層の組成は現在の天竜川の礫と似ています（図G-1）。

今から1万8千年前頃の最終氷河期の浜名湖周辺の海岸線は現在の海岸線よりも120 mも低いところにあり，当

図G-1 浜松市北区大山町大谷ゴルフパーク南にある三方が原礫層

時の海岸線は10数kmも沖合いにありました。氷河期が終わり海水面の上昇につれ，山々の間を流れていた小河川の低い部分に海水が入り始め，6千年前頃（縄文海進）古浜名湖が誕生しました。その当時の海水は三方原台地南端を

削り，海食崖として現在も残っています。その後，海水面の低下とともに古天竜川の運んできた砂などにより，しだいに海から切り離されて現在のような浜名湖の地形ができました。

三方原台地を横切る浜松環状線（浜松医科大学から北へ約1km）の東側斜面には，低位段丘が2面（富岡・姥ケ谷の河岸段丘）見られます（図 G-2，図 G-3）。成子〜入野・西鴨江にかけての三方原台地南端は急な崖となっています。これは約6千年前の縄文海進で生じた海食崖（海食により生じ，海岸線の後退によりできた崖）で，

図 G-2 左斜め上に二段の段丘面が見える

西に向かって一直線に延びています。縄文海進の頃はこのあたりまで海岸が迫っていました。その後の海岸線の後退に伴い，広い海岸平野と砂丘が出現し，砂堤列もできました。これは5千年前以降のできごとです。佐鳴湖はこの砂堤列により古浜名湖の一部が閉じ込められて誕生したものです。三方原台地の西側には開析谷が発達しており，谷底低地には低湿地堆積物が分布しています。

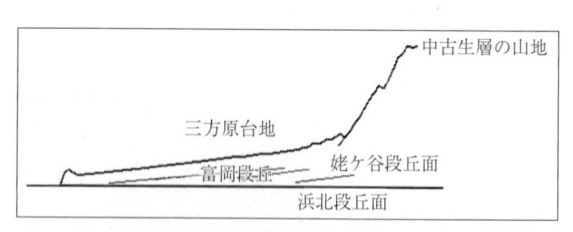

図 G-3 三方原台地周辺の地形（小林ほか（1964））

浜名湖の南西から新居にかけては，30万〜50万年前の古天竜川の氾濫原が隆起してできた天伯原台地（洪積台地）が広がっています。主として海の堆積物（礫，砂，泥）からできています。

浜名湖の北方には西南日本を二分する中央構造線（大断層）が横切っています。中央構造線の北側を内帯，南側を外帯といいます。中央構造線を挟んで内

帯と外帯とでは岩石の種類が大きく異なっています。外帯は白亜紀に低温高圧型変成を受けた三波川変成岩類（御荷鉾緑色岩類を含む）と秩父累帯の中古生層の岩石からできています。海底で堆積したこれらの地層は地殻変動により地表に現れました。ところどころに石灰岩や蛇紋岩の層を含んでいます（**図 G-4**）。浜名湖の北東部（大草山や舘山寺）のチャートから中生代ジュラ紀の放散虫化石（**図 G-5**，**表 G-1**）が，浜名湖周辺の石灰岩からは古生代のフズリナの化石が報告されています。内帯に相当する岩石は浜名湖付近には分布していません。

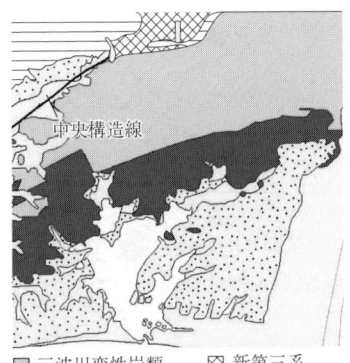

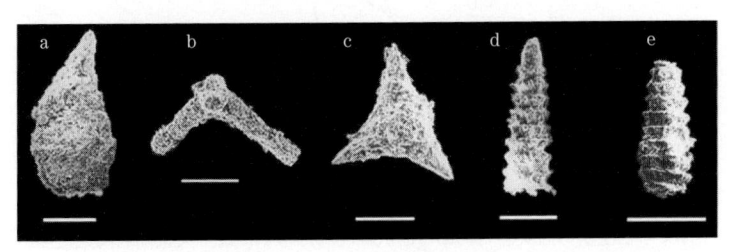

図 G-4 浜名湖周辺の地質図

図 G-5 大草山と舘山寺のチャート中の放散虫化石（スケールは 100 μm で，a～e は表 G-1 と対応）豊橋市自然史博物館報 11（2001）。

表 G-1 放散虫化石の産地と種名

記号	採取地	放散虫
a	舘山寺鶏冠岩	*Follicucullus? sp.*
b	舘山寺鶏冠岩	*Nazarovella? sp.*
c	大草山国民宿舎北	*Eptingium sp. cf. E. manfredi* Dumitrica
d	大草山国民宿舎北	*Triassocampe coronate* Bragin
e	大草山国民宿舎北	*Triassocampe sp. cf. T. coronate* Bragin

2. 浜名湖北部の石灰岩帯と洞窟を歩く

　三岳を中心とした石灰岩帯は，海底に堆積した秩父中古生層の付加体の石灰岩がプレートの移動と地殻変動に伴い地表に現れたものです（**図 G-6**）。石灰岩が形成される過程で，地下の強い圧力や熱の影響を受け変質しているため化石は見られません。石灰岩帯は連続ではなく岩帯として点在しています。石灰岩は溶食されやすいため割れ目や鍾乳洞をつくります。鍾乳洞は古代人にも利用されていました。

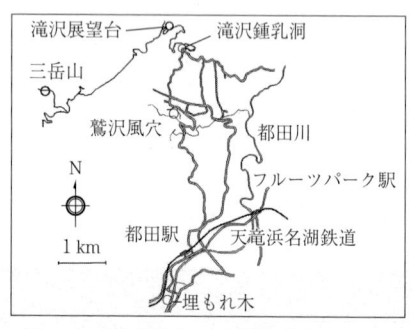

図 G-6　浜名湖北部の石灰岩地帯のルート図

3. 滝沢鍾乳洞の化石と遺跡

　秩父中古生層の石灰岩帯にある滝沢鍾乳洞に行くには，天竜浜名湖鉄道都田駅から，にこにこバスに乗り，滝沢小学校前で降車します。現在は廃校となった滝沢小学校の裏山の中腹に，滝沢鍾乳洞があります。この鍾乳洞は支洞や縦穴などを含めた総延長は約 165 m で高低差は 31 m あります。入り口は高さ 1.3 m，幅 2 m ほどですが，手すりに沿って下ると 5 m 四方ほどの空間があります（**図 G-7**）。観光洞ではないため内部には照明がなく，湿っていてすべりやすいので注意が必要です。気軽に内部探検ができますが，懐中電灯などの光源の持参が必要です。江戸時代には，宗教の儀式にも利用されていました。明治から大正時代にかけては冷涼な気温を利用し，蚕の卵の調整などにも使われ

G. 浜名湖周辺　167

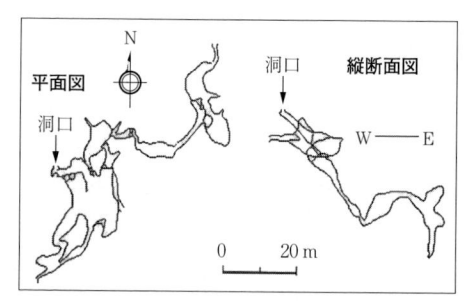

図 G-7　滝沢鍾乳洞の平面図と縦断面図

ていました。江戸時代後期には測量図としての巌洞絵図(がんどうえず)が残されています(旧渡辺家蔵)。洞内からは縄文時代の土器片も見つかっています。

支洞や縦穴から見つかった化石は,滝沢小学校(管理人に申し出が必要・無料・学校開校日のみ,9:30〜16:00見学可)と鷲沢風穴の鷲沢自然科学資料館に保管されています。滝沢小学校には,ニホンオオカミ(*Canis lupus hodophilax*),ニホンジカ(*Cervus nippon*),ニホンイノシシ(*Sus scrofa leucomystax*)の部分化石が展示されています(**図 G-8**)。

図 G-8　廃校となった滝沢小学校全景とその裏山

〔**みどころ**〕(滝沢鍾乳洞)夏は冷涼な鍾乳洞内部と暗黒の世界に見られる鍾乳石。古代から地域の人々に利用されていた身近な鍾乳洞が観察できます。

〔**交通**〕　天竜浜名湖鉄道都田駅から,にこにこバス(滝沢線・ジャンボタクシー)乗車,滝沢小学校前降車徒歩2分。バスの運行本数(午前中3本・午後3本)が少ないので注意が必要です。

〔**地形図**〕　5万分の1「浜松」

4. カルスト地形の滝沢展望台

時間的余裕があれば、滝沢鍾乳洞から細い道を三岳方面に約3km（林慶寺まわり・自家用車）進むと、眼下に雄大な太平洋を望むことができます。この辺りには秩父中古生層の石灰岩の露頭が見られます。展望台付近には石灰岩が溶食され、白い置物のようなカルスト（karst）地形が見られます。石灰岩地帯は、巻き貝の貝殻の原料となるカルシウムが豊富なため、いろいろな種類の陸貝が生息しています。

〔**みどころ**〕（カルスト地形）長い歳月をかけ石灰岩が溶かされ、白い動物の群れにも見える尖った地形が見られます。

〔**交通**〕 展望台へは二つのルートがあります。林慶寺まわりだと20～30分程度（徒歩）必要ですが、滝沢鍾乳洞から直接に登るルートを通ると短縮できます。公共交通機関はありません。駐車場はありますが、道路は狭く対向車とのすれ違いに注意が必要です。

〔**地形図**〕 5万分の1「浜松」

5. 水平天井の鷲沢風穴

鷲沢風穴は杉林におおわれた秩父中古生層の石灰岩中にあります（**図 G-9**, **図 G-10**）。鷲沢風穴に行くには、天竜浜名湖鉄道都田駅から、にこにこバスで、風穴入り口で降車し南へ4分ほど下ります。滝沢鍾乳洞への帰りに寄ることもできます。滝沢鍾乳洞とは違い、風穴内部は照明されているため自然の織りなす地形を身近で観察できます。洞口に入ると頭上には40mの長さにわたり、水平天井（flat ceiling）が見られます。これは、洞窟内で長期間にわたり安定した地下水の侵食を受け形成されたものです。フレアティックペンダント（phreatic pendants）は、天井の母岩が溶け残った突起物です。このほか溶け残った石灰岩の石柱（pillar）も見られます。この風穴は水中で形成されたため

図 G-9 水平天井が特徴の鷲沢風穴

G. 浜名湖周辺　169

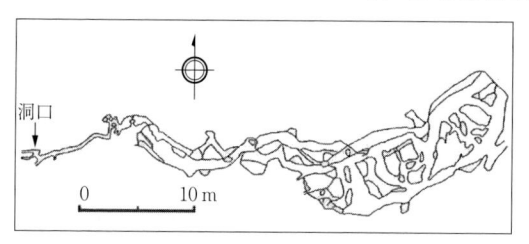

図 G-10　鷲沢風穴の平面図

鍾乳石などは見られませんが，水面の侵食により生じた階段状の溝などは見られます。洞窟としての規模は小さいですが，水平天井はここだけに見られる特徴です。

〔**みどころ**〕（水平天井）天井の岩盤が，地下水の侵食により平らになった水平天井が見事です。

〔**交通**〕　天竜浜名湖鉄道都田駅からにこにこバス（滝沢線・ジャンボタクシー）に乗車，風穴入り口降車徒歩8分。バスの運行本数（午前中3本・午後3本）が少ないので注意が必要です。

〔**地形図**〕　5万分の1「浜松」

6．都田川の埋もれ木

天竜浜名湖鉄道都田駅からにこにこバスの浜松大学経由浜松行きで，都田橋下車徒歩1分の都田川左岸に埋もれ木が埋まっていました。都田川が流れる低地は，都田川の運搬作用により形成された沖積層で，現在も主要な農耕地帯となっています。埋もれ木は都田橋下流の河川改修工事により，1990年代と2006年に見つかりました（**図 G-11**）。埋もれ木の樹種は，シイ属（*Castanopsis sp.*）コナラ属（*Quercus sp.*）ムクノキ属（*Aphananthe sp.*）の3

図 G-11　遠くに見えるのが浜松大学。ヨシにおおわれた下の河原から埋もれ木が見つかりました。

種類が確認されています。埋もれ木の年代測定を放射性炭素で行ったところ，3510±50年前とわかりました。埋もれ木のそばの粘土層（現在は埋め戻されて見ることはできません）からは，オニグルミ（*Juglans ailanthifolia*）やハンノキ（*Alnus japonica*）などの種実が見つかりました。これらの樹木は湿地や比較的水源近くに生育していた可能性が高いと思われます。アカメガシワ（*Mallotus japonicus*）やアカシデ（*Carpinus laxiflora*），カナムグラ（*Humulus japonicus*）の種実も見つかり，堆積当時このあたりは農耕にともなう丘陵（きゅうりょう）の開発が行われていたことが推察されます（静岡地学95：2007）。この埋もれ木は埋め戻されているので現在では見られませんが，長さ8.4mもあるムクノキ属は竜ヶ岩洞の池に保存されているので見ることができます（**図G-12**）。

図G-12 竜ヶ岩洞の池に展示されている都田の埋もれ木

〔**みどころ**〕（埋もれ木）数千年前に生育していた樹木が都田川の河床に埋まっていた所です。付近にはまだ埋もれている可能性があります。

〔**交通**〕 天竜浜名湖鉄道都田駅からにこにこバスの浜松大学経由浜松行き，都田橋降車徒歩1分。浜松駅からは，都田線（⑯ポール）都田橋降車。

〔**地形図**〕 5万分の1「浜松」

7. 井伊谷川周辺を歩く

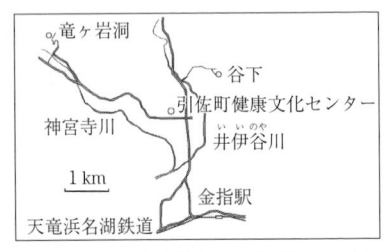

竜ヶ岩洞（りゅうがしどう）付近の石灰岩帯は，2億5千万年前頃の秩父中古生層のものです。石灰岩の割れ目にはしばしば動物の化石が保存されています。溶食により鍾乳洞も発達しています。この付近の石灰岩は品質がよいので，かつてセメント製造工場があり盛んに採掘されまし

図G-13 井伊谷川周辺の石灰岩帯のルート図

G. 浜名湖周辺　171

た（**図 G-13**）。

8. 地底探検竜ヶ岩洞

　2億5千万年前の秩父中古生層の石灰岩帯にある竜ヶ岩洞へは，浜松駅から奥山線のバスに乗り，竜ヶ岩洞バス停降車徒歩10分，東海地方最大の鍾乳洞竜ヶ岩洞に着きます。高低差49 m，総延長1 000 mのうち約400 mが公開されています。洞内は年間を通して18℃で一定しており，夏は涼しく冬は暖かい別世界です。竜ヶ岩洞は，石灰岩やチャートに挟まれた輝緑凝灰岩が雨水や地下水により溶かされすきまが生じ，そのすきまが拡大（石灰岩が溶食）し鍾乳洞となったものです（**図 G-14**，**図 G-15**）。竜ヶ岩洞の発見は，石灰岩の採石を目的として流れ出る流水口を壊した，1931年（昭和6年）にさかのぼります。当時は田畑鍾乳洞といわれ，田畑とは竜ヶ石山付近の地名で山の上部では田圃がつくれるが下部では畑しかつくれなかった（水がないため）ことから付けられたものです。1981年（昭和56年）に再開発が進み1983年（昭和58年）に公開されたものです。鍾乳石はつぎのような反応で生成されます。

（a）鍾乳石

（b）石筍

（c）輝緑凝灰石

図 G-14 鍾乳石と石筍および侵食が始まった輝緑凝灰岩。このような部分から，洞窟が拡大しました。

172　Ⅱ．静岡県の地学めぐり

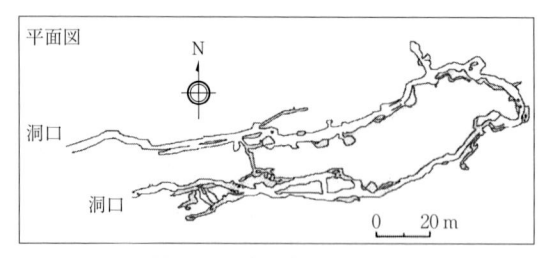

図 G-15　竜ヶ岩洞の平面図

$$H_2O + CO_2 + CaCO_3 \rightarrow Ca^{2+} + 2HCO_3^-$$
$$Ca^{2+} + 2HCO_3^- \rightarrow CaCO_3 + H_2O + CO_2 \uparrow$$

空気中の二酸化炭素が水に溶け，炭酸となり，この炭酸が石灰岩を溶かします。溶けたカルシウムイオンは再び炭酸水素イオンに結びつき，炭酸カルシウムとして沈積していきます。

地下水に満たされていた時期（飽和水帯期・半球状の天井面）や洞内に水が流れていた時期（循環水帯期・石のみで削り取ったような楕円形の模様）の溶食地形が見られます。みどころには解説板がついていますので，幻想的な地底体験ができます。洞内はライトアップされ手すりも完備していますので，安心して観察できます。この鍾乳洞では，**表 G-2** に示すものも見られます。

表 G-2　鍾乳洞で見られる主な鍾乳石

鍾乳管	*Straw stalactite*	石筍	*Stalagmite*
石柱	*Column*	石花	*Anthodite*
洞窟サンゴ	*Cave coral*	洞窟真珠	*Cave pearl* など

鍾乳洞に続く洞窟資料館では，鍾乳石類や洞窟生物，石筍の断面などが展示されています。入り口には，火成岩や変成岩のモデル庭園もあり，多方面の学習もできます。鍾乳洞内には，洞窟環境に適応した洞窟生物が生息しています。戸田の竪穴からは，甲虫類のチビゴミムシ亜科の新種リュウガシメクラチビゴミムシ（*Kurasawatrechus ryugashiensis*）も見つかっています。

竜ヶ岩洞から竜ヶ石山へ向かうハイキングコースを 200 m ほど東に行くと，戸田の竪穴がありますが入洞（要許可）は危険です。さらに約 40 〜 45 分ほど足を延ばせば，カルスト地形が見られる竜ヶ石山に登ることができます。竜ヶ

G. 浜名湖周辺　173

石山からは遠く太平洋も望むことができますし，また，途中は森林浴の効果も期待できます。

〔**みどころ**〕　（竜ヶ岩洞）石灰岩に挟まれた輝色凝灰岩のすきまから石灰岩が雨水により侵食されてできた鍾乳洞です。地表からは想像もできない不思議な空間を体験できます。

〔**交通**〕　奥山線（浜松駅⑮ポール）で，竜ヶ岩洞降車徒歩 10 分。

〔**地形図**〕　5 万分の 1「浜松」・「三河大野」

9．谷下の石灰岩採取地跡とワニ化石

浜松駅から渋川線に乗り，上町バス停で降車します。県道 257 号線の井伊谷川の上瀧橋を渡り，100 m ほど先の二又分岐を左に進みさらに左に進みます。上瀧橋から 400 m ほど行くと小川（三面張り）の右手に北岡大塚古墳の案内（石の道標）がありますので右折し 200 m ほど進むと，左手に谷下の石灰岩採石場の化石の案内があります（**図 G-16**）。ここが目指す秩父中古生層の石灰岩の場所です。

竜ヶ岩洞の帰りに立ち寄る場合は，井伊谷のバス停で渋川線に乗り換えると一つ目に上町バス停があります。現在

図 G-16　谷下の石灰岩採石場の化石の案内と入口付近の石灰岩

は草木におおわれて薄暗くなっていますが，掻き分けて奥に進むと洞穴や割れ目が見られます。この洞穴や割れ目から，ミンデル − リス間氷期（30 万〜 40 万年前）の洪積世堆積層から脊椎動物化石や淡水産魚類化石およびワニ化石が見つかりました（**図 G-17**）。ワニ化石は県立浜松北高校地学部の生徒や研究

174　II. 静岡県の地学めぐり

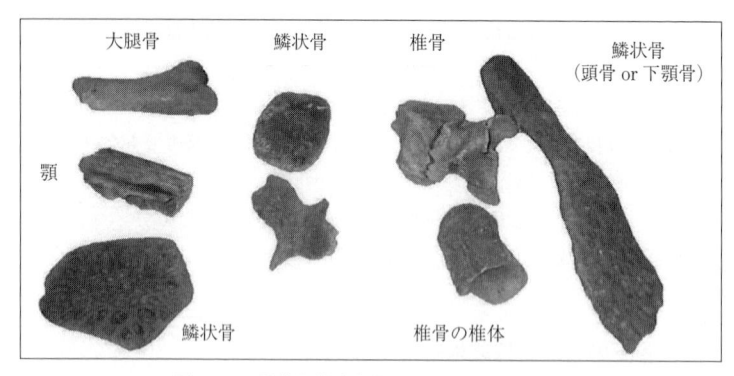

図 G-17　引佐町健康文化センター2階ロビーに展示されているワニ化石

（図中ラベル：大腿骨、鱗状骨、椎骨、鱗状骨（頭骨 or 下顎骨）、顎、鱗状骨、椎骨の椎体）

表 G-3　谷下で見つかった主な動物化石

オオカミ	*Canis lupus hodophiax*	ヒグマ	*Ursus arctos*
クズウテン	*Putorius kuzuüensis*	トラ	*Panthera tigris*
オオツノジカ	*Sinomegaceros yabei*	シナガメ	*Ocadia sinensis* など

者により報告され，絶滅新種の可能性が高い仮称ヤゲワニと提唱されています。このワニは県立浜松北高校所有で，現在は浜松市博物館に保管されていますが，公開はされていません。このほか注目される化石には，**表 G-3** に示すものがあります。

　図 G-17 と表 G-3 は，引佐町健康文化センター2階ロビーに展示されていますので，自由に見学できます。また，産出した一部は，鷲沢風穴の鷲沢自然科学資料館にも保管されていますので，こちらも申し出れば見ることができます。

〔**みどころ**〕（谷下の石灰岩）石灰岩採取跡地で切り立った崖や雨水の吸い込み穴が見られます。割れ目に堆積した土砂を取り除くと運がよければ化石も見られます。

〔**交通**〕　渋川線（浜松駅⑮ポール）で，上町降車徒歩10分。引佐町健康文化センターは渋川線神宮寺降車徒歩2分。

〔**地形図**〕　5万分の1「浜松」・「三河大野」

G. 浜名湖周辺　175

10. 浜名湖東岸のナウマンゾウと化石を追って

　十数万年前から40万年前の間氷期には，浜名湖あたりは大きな内湾が広がっていました。この内湾に堆積した砂や泥が，佐浜泥層といわれる青灰色をしたシルト質泥岩です。佐浜泥層からは貝化石を産しますが，青灰色をしたシルト質泥岩からは必ずしも貝化石を産するとは限りません。内湾のまわりの森林にはナウマンゾウやシカなどの脊椎動物が生息していたものと思われます（**図 G-18**）。

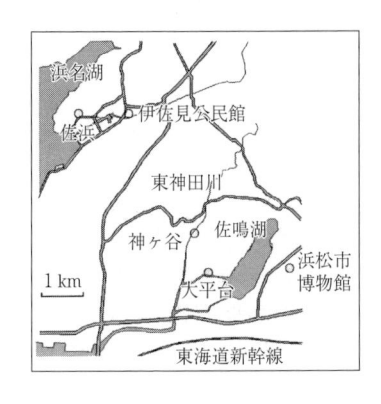

図 G-18　ナウマンゾウの産地と佐浜泥層のルート図

11. ナウマンゾウ産出地とタイプ標本

　2002年（平成14年），佐浜町でナウマンゾウ（*Palaeoloxodon naumanni*）の再発掘がありました。このとき見つかったナウマンゾウとシカ化石は，佐浜泥層ではなく三方が原礫層との境目付近の砂礫層でした。ナウマンゾウは別の場所では佐浜泥層から見つかっています。ナウマンゾウの再発掘地に行くには，浜松駅から伊佐見線に乗り，堂ノ谷バス停で降車し，西に100 m行くとナウマンゾウ発掘の地の道標があります。この道標を奥へ60 mほど行くと柿畑の向こうにナウマンゾウ発掘地点の崖があります（**図 G-19**）。個人の所有地であることや，崖崩れ防止の壁がつくってありますので，見学のみとし，いたずらな発掘は避けてください。

　1921年（大正10年），伊左地川沖の（浜名湖）干拓地造成のため佐浜の崖

図 G-19 ナウマンゾウ発掘地点の道標とナウマンゾウが見つかった佐浜の崖

を崩し土砂を採取していたところ，更新世の浜松層（佐浜泥層）からナウマンゾウの牙，臼歯，下顎骨が見つかりました。この下顎骨標本は槇山次郎博士により研究され，タイプ標本（種の命名に使用した基準標本，Holotype）として京都大学総合博物館に展示されています。ナウマンゾウの化石は現在27標本が確認されています。浜松市西区佐浜町佐浜から17標本，浜松市西区協和町から3標本，浜松市中区佐鳴台から1標本，浜松市北区細江町中川から3標本など浜名湖や佐鳴湖周辺から見つかっていますので，今後も新たに見つかる可能性があります（**図 G-20**，**図 G-21**）。また，ナウマンゾウはアフリカゾウではなくアジアゾウに近いことが臼歯の咬合面模様からもわかります。ナウマンゾウの全身骨格が展示されている場所は，浜松市西区伊佐見公民館（参考資料・無料）と浜松市博物館（復元骨格・有料）があります。浜松市博物館には，このほかにナウマンゾウの臼歯と大腿骨化石および三ヶ日人の化石のレプリカも展示されています。

〔**みどころ**〕（ナウマンゾウ）佐浜のナウマンゾウ発掘地点は現在も見られる数少ない場所の一つです。復元骨格は恐竜にも見劣りしません。

〔**交通**〕 発掘地点の道標：伊佐見線（浜松駅②ポール）で，堂ノ谷降車徒歩2分。

伊佐見公民館：伊佐見線（浜松駅②ポール）で，伊佐見小学校降車徒歩1分。
浜松市博物館：蜆塚・佐鳴台線（浜松駅②ポール）で，博物館降車徒歩2分。
〔**地形図**〕 5万分の1「浜松」

図 G-20 浜松市博物館の復元されたナウマンゾウの骨格

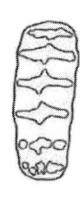

ナウマンゾウ　アフリカゾウ　アジアゾウ

横縞の間隔　ひし形で　　横縞の間隔
が狭い　　　間隔は広い　が狭い

図 G-21 ゾウ臼歯の咬合面の比較

12. 佐浜泥層と大平台で産する貝化石

　佐浜泥層は三方原台地をつくる三方が原礫層の下に分布する青灰色の内湾性泥層を指しますが，浜名湖北岸から大崎半島，村櫛半島，庄内，伊佐見，雄踏にかけて広く分布しています。泥層は一見均質な塊状シルト質泥岩に見えますが，よく見ると葉理が発達しています。泥層の中には，かなり広範囲に追跡できる白色軽石粒凝灰岩層が2層あることが知られています。この白色軽石粒凝灰岩層のフィッショントラック法による年代測定から39万年前±4万年BPと見積もられています。泥岩から産する貝化石は温暖な入り江の泥底に生息する仲間で，現在の浜名湖に生息する貝類とよく似た内湾生の貝化石であることから，佐浜泥層は30～40万年前の浜名湖に堆積した地層といえます。佐浜泥層は三方原台地周辺の工事などで斜面が削られると現れることがありますが，ほ

図 G-22 大平大橋の左（西側）に露頭があります（奥は佐鳴湖です）

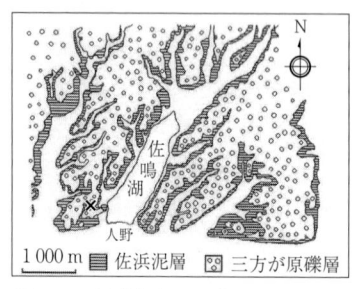

図 G-23 佐鳴湖周辺の佐浜泥層（×印が図 G-22 の場所です）

とんど工事はありませんので，見つけること自体は難しいです。現在も観察できる佐浜泥層の露頭は，大平台の大平大橋直下の新川沿いにあります。浜松駅から大平台線に乗り臨江橋(りんこうはし)で降車し，車止めのある新川右岸道沿いに見られます。大平大橋下までの途中にはパイプ状の生痕化石がまばらにあるだけです（**図 G-22**，**図 G-23**）。

この露頭のきっかけは，入野地区の洪水による浸水対策と佐鳴湖の排水対策を目的に，2000年（平成12年）に新川放水路（新川）が完成したからです。臨江橋から3分ほど歩くと大平大橋西側に，流路を埋めた跡のある小さな裸地が見えます。化石を産するのはこのあたりです。この付近から，**表 G-4** のような内湾〜汽水性の貝類が採取できます。

表 G-4 大平大橋付近で採取できる主な貝化石

アカガイ（*Anadara broughtoni*）	ウラカガミ（*Dosinella angulosa*）
スガイ（*Turbo coreensis*）	ハイガイ（*Tegillarca granosa*）
マガキ（*Crassostrea gigas*）	ヤマトシジミ（*Corbicula japonica*）
アカニシ（*Rapana venosa*）	ウミニナ（*Batillaria multiformis*）など

流路埋積層からは，エゴノキ（*Styrax japonica*），オニグルミ（*Juglans ailanthifolia*），コナンキンハゼ（*Sapium sebiferum var.pleistoceaca*）などの種子（堅果(けんか)や内果皮(ないかひ)など）も見られます。この場所からはシカ（*Cervus sp.*）の角化石も見つかっています。草がかなり茂ってきていますので注意深く化石

を探してみましょう（図 G-24, 図 G-25）。

〔みどころ〕（大平大橋）大平大橋付近の佐浜泥層からは，貝化石やサンドパイプ状の生痕化石が見られます。運がよければ手に入れることもできます。

〔交通〕 大平台線（浜松駅③ポール）で，大平大橋降車徒歩3分。

〔地形図〕 5万分の1「浜松」

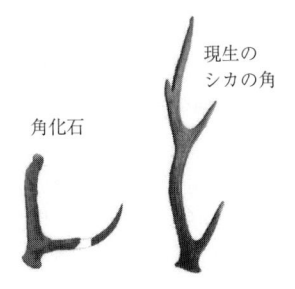

図 G-24 シカの角化石と現生のシカの角

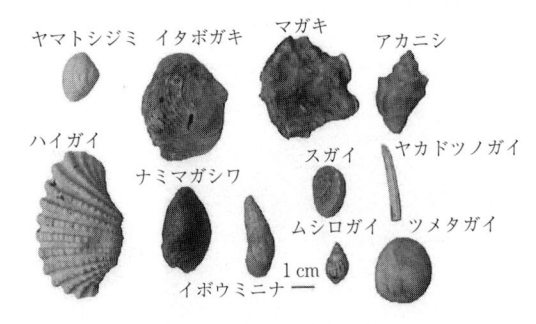

図 G-25 見つかった貝化石

13. 東神田川神ヶ谷の河床の痩果（種子）化石と花粉

大平大橋下の露頭から8分ほど西に行くと，新川と東神田川の合流点に着きます。合流点付近のうめがや橋から上流の中橋の約500 m間の河床にかけて，ところどころに黒褐色の柔らかい粘土層が見られます。中橋へはJA神久呂支店のバス停からも3分程度で行くことができます。

東神田川が新川と合流する地点から上流域の河床には，黒褐色の柔らかい粘土層が見られます。この粘土層上部の年代測定をしたところ850±30年前とわかりました。細かい網の上で粘土を水洗いをすると黒くて小さな種子が得られます。その中に逆刺状の（刺針状花被片）ついたカンガレイ類（*Scirpus sp.*）の痩果（種子）が含まれています。県道325号線の橋桁改修工事の現場から採

取した黒褐色の粘土層の花粉分析をしたところ，黒褐色の粘土層が堆積した頃には，シイ属（*Castanopsis*）やコナラ属アカガシ亜属（*Quercus* (*Cyclobalanopsis*)）などの常緑針葉樹が減少しはじめ，これに代わりマツ属（*Pinus*）とイネ科（Gramineae）植物が増加し始めたことがわかりました（静岡地学 96：2007）（**図 G-26**，**図 G-27**）。

〔**みどころ**〕（河床）800～900年前の柔らかい黒褐色の粘土層中に植物の種子が含まれています。細かい網の上で水洗いすると得られます。

〔**交通**〕 中橋：大久保線（浜松駅①ポール）で，JA神久呂支店降車徒歩約3分。
うめがや橋：大平台線（浜松駅③ポール）で，大平大橋降車徒歩約8分。

〔**地形図**〕 5万分の1「浜松」

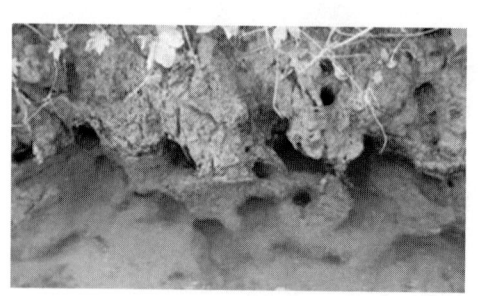

図 G-26 東神田川河床の粘土

図 G-27 カンガレイ類の痩果（種子）

14. 三ヶ日人（縄文時代人）・只木遺跡と雨生山を訪ねる

只木遺跡がある山地は，秩父中古生層の石灰岩やチャート，粘板岩，輝緑凝灰岩が露出しています。雨生山周辺では蛇紋岩や，かんらん岩の貫入が見られます。猪鼻湖が浜名湖とつながっている瀬戸付近は，リアス式海岸が堆積物で狭くなったと考えられています（**図 G-28**）。

15. 化石人類の只木遺跡

秩父中古生層の石灰岩体にある只木遺跡に行くには，三ヶ日駅から自主運行

G. 浜名湖周辺　181

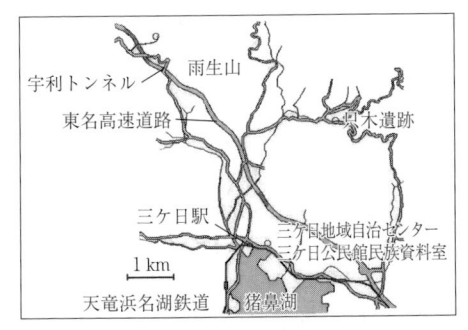

図 G-28　只木遺跡と雨生山のルート図

バスに乗り，白谷入口で降車し右折して5分ほど山に向かって歩きます．公衆トイレが見えてきたら，かたわらに只木遺跡入り口の看板が目に入ります．ここを左折するとすぐに只木遺跡に着きます．柵の中へは入れませんが，石灰岩の割れ目や長年の雨水で溶食されたダイナミックな様子が観察できます（**図 G-29**）．

1958年（昭和33年），只木の中古生層に発達した石灰岩採石場の割れ目に堆積した赤土から，ヒョウ（*Panthera pardus*）の下顎骨が見つかり，翌年アオモリゾウ（1991年に高橋啓一氏により，ナウマンゾウとされた）の牙・オオツノジカ（*Megaloceros giganteus*）の椎骨・人骨（*Homo sapiens sapiens*）7片（三ヶ日人・成人男性2，女性1）などの化石が見つかりました．この人骨は旧石器人（後期更新世人類）と考えられましたが，放射性炭素年代測定によりさらに新しい縄文時代人とわかりました．人骨の中には，人為的加工が施

図 G-29　只木遺跡の露頭

されたものや肉食動物の嚙み跡が付いたものがあります。化石の一部と人骨のレプリカは，三ヶ日公民館民族資料室（申し出が必要）で見ることができます（**図 G-30**）。

〔**みどころ**〕（只木遺跡）荒々しく削られた石灰岩の溶食地形が観察できます。三ヶ日公民館民族資料室では，発掘された人骨のレプリカが見られます。

〔**交通**〕 三ヶ日線（浜松駅⑮ポール）で，三ヶ日駅降車か，天竜浜名湖鉄道三ヶ日駅下車。浜松市自主運行バスに乗り換え，白谷入口下車5分。バスは1日3本のみ。目印は公衆トイレと案内板で，左折1分。

〔**地形図**〕 5万分の1「三河大野」

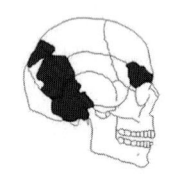

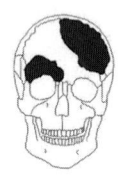

図 G-30　見つかった化石の一部

16. 超塩基性岩の雨生山

蛇紋岩地帯特有の植生となっている雨生山は，風化し表面がでこぼこで変化に富んだ蛇紋岩や，かんらん岩が見られます。雨生山に行くには，三ヶ日と新城を結ぶ国道301号線の宇利峠の手前にある営林署右側林道入り口から入ります。東へ7分ほど進むと小さな湿地が左手に見えてきます。一人が通れるほどの小さな道を上っていくと雨生山（313 m）に着きます。この付近はアカマツやヤマモモ，ヒサカキ，ネズなどの低木とマツムシソウやミミカキグサなど湿性の貧弱な植生をしています。この原因は，SiO_2 成分に乏しい超塩基性岩の蛇紋岩やかんらん岩が露出しており，溶け出した Mg^{2+}（マグネシウムイオン）が，根から水の吸収を阻害するからです（**図 G-31**）。一方，風化すると粘土質の軟らかい土となり水を通しにくくなります。そのため小規模な湿地をつくることがあります。風雨に曝されて表面がでこぼこした石の中には，磁石を引きつけるものがありますので磁石をもっていくと確かめることができます。

〔**みどころ**〕（雨生山）蛇紋岩地帯特有の貧弱な林や植生とともに，表面の

図 G-31 蛇紋岩地帯に見られるアカマツを主体とした貧弱な林（上）と風化した礫の表面（下）。

風化が激しいかんらん岩の礫が見られます。

〔**交通**〕 公共交通手段はありませんので，自家用車のみ。
〔**地形図**〕 5万分の1「三河大野」

17. 風紋の中田島砂丘を訪ねる

浜名湖南部の遠州灘沿岸には美しい砂浜が広がっています。これは，縄文海進後の5000年前以降に生じた海岸線の後退により生じたものです。砂丘の砂は，主に天竜川の上流から運ばれてきたものです（**図 G-32**）。

18. 風紋と砂堤列

縄文海進の頃，海水は三方原台地南端を削り，海食崖をつくりました。その後，海水面の低下とともに天竜川の運んできた砂が，海流や風により運ばれ沿

184　Ⅱ．静岡県の地学めぐり

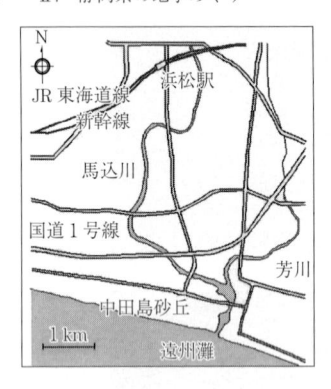

図 G-32　中田島砂丘と砂堤列訪問のルート図

岸低地ができ，砂堤や砂丘となりました。砂堤は天竜川以西の遠州浜から浜名湖東岸の舞阪にかけて数列見られますが，国道1号線篠原インターチェンジ付近南側には4〜5列残っています。砂堤は3m前後の高さがありますので，

図 G-33　タマネギやサツマイモ畑のわきに砂堤列が見られます

図 G-34　中田島砂丘に見られる風紋。強い風が吹くと見られます

今より海面は3m前後高かったと推定されます。砂堤と砂堤の間は，タマネギやサツマイモ畑として利用されています。中田島砂丘は，南北0.6km東西4kmと云われ，日本三大砂丘の一つに数えられています。強い風が吹くと砂が舞い美しい風紋がつくり出されます。砂丘には，ハマヒルガオやコウボウムギ，ハマボウフウなどの海浜植物も見られます。また，アカウミガメの産卵地としても有名です。地質的には，沖積層となります（**図 G-33**，**図 G-34**）。

〔**みどころ**〕（風紋）天竜川から運ばれた砂により形成された三大砂丘です。風の強いときは飛ばされた砂が体に当たり痛いですが，その後には見事な風紋が見られます。

〔**交通**〕 中田島線（浜松駅④ポール）で，中田島砂丘降車徒歩約1分。

〔**地形図**〕 5万分の1「浜松」

引用・参考文献

1. 家田健悟（2001）：静岡県浜松市西部の秩父帯から産出する放散虫化石，豊橋市自然史博研報，**11**，pp. 23-26
2. 北村孔志・藤木利之（2007）：浜松市・東神田川流域神久呂地区の古環境（850±30年前）について，静岡地学，**96**，pp. 7-12
3. 三ヶ日町史編纂委員会編（1976）：三ヶ日町史上巻，p. 444
4. 高橋啓一・松岡廣繁・樽　創・安井謙介・長谷川善和（2003）：佐浜ナウマンゾウ発掘調査で産出した脊椎動物化石について，静岡地学，**87**，pp. 15-21
5. 冨田　進（1978）　静岡県谷下の石灰岩裂か堆積物と脊椎動物化石，瑞浪市化石博物館研究報告，**5**，pp. 113-141
6. 小林国夫ほか（1964）：地質調査報告書，浜松市
7. 北村孔志・小野寺秀和（2007）：浜松市都田川の埋れ木，静岡地学，**95**，pp. 20-30

（北村　孔志）

H. ［特集］浮遊性有孔虫化石による地質年代の測定

E.御前崎から掛川地域の章で，泥岩から有孔虫化石を取り出す方法について少し触れていますが，個体の外形を肉眼で観察することができません。しかし，有孔虫化石は地層に普通に含まれているので，地層から簡単に取り出すことができます。本章では，肉眼では見えない化石の取り出し方と浮遊性有孔虫化石による年代測定方法を説明します。浮遊性有孔虫化石には進化の速い種が知られていて，年代とともに外形が変化し，新しい種に変わります。さらに，進化系列が明らかになっているので，種の出現・消滅（進化）が地質年代の測定に使われています。

1. 浮遊性有孔虫化石はどのようにして取り出すか

生物としての有孔虫は原生動物の仲間で，石灰質の殻をもっています。体（殻）の大きさは1 mm以下のものが大部分です。現在の海にも生息していますが，地球上に現れたのは非常に古く，地質時代の古生代の初めです。有孔虫には生活する場所によって底生有孔虫と浮遊性有孔虫とに分かれます。底生有孔虫は海底の表面・泥の中，海草などに張り付いて生活していますが，浮遊性有孔虫は海面から深さ200 m付近までの海水中に漂っています。有孔虫が死ぬとその体（殻）が海底に堆積し，やがて化石となります。殻は1 mm以下と小さいですが，海水中にはたくさん生息していますから，化石となって地層に含まれる数も多くなります。海に堆積した地層にはまんべんなく含まれているといえるほどです。しかし，陸地で見られる地層は，隆起して褶曲したり，地表で風化したりするために，有孔虫化石が必ず含まれてはいません。有孔虫化石が含まれている地層は貝殻片などが残っているシルト質泥岩です。

浮遊性有孔虫は底生有孔虫より遅れて地球上に出現します。中生代ジュラ紀に底生有孔虫から進化して白亜紀に大発展しました。白亜紀以後の海に堆積した地層には化石として含まれていて，現在の海にも豊富に生息しています。

このように有孔虫化石は海底に堆積したシルト質泥岩なら含まれている可能性が高いといえます。しかし，大きさが1 mm以下で，泥岩から直接採取する

ことはできません。そこで，浮遊性有孔虫化石が含まれていると思われるシルト質泥岩を採取します。

2. 岩石の採取とその処理

　地層から浮遊性有孔虫化石を取り出すには，有孔虫化石が含まれていると思われる岩石（堆積岩）を採取します。地層から岩石を採取するときは，地層表面の風化した部分を削り取って，内部の新鮮な泥岩部分を試料にします。採取する岩石試料はこぶし大が二つほどで十分です。余分な岩石を剥ぎ取って，崖を壊さないように注意します。試料をポリ袋に入れて，袋の表面に日付，試料番号，採取場所などを記入して持ち帰ります。持ち帰った試料はビーカーや蒸発皿などの器に入れて乾かします（**図 H-1**）。

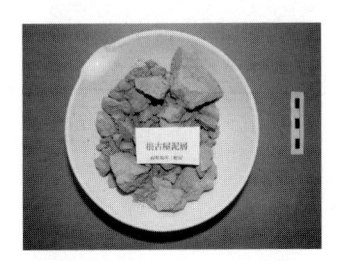

図 H-1 試料は器に入れて乾燥

　浮遊性有孔虫化石を取り出すには，乾燥した試料を使います。2〜3 cm に砕いた岩石を 80 g 計り，器に入れて，水を注ぎます。しばらくそのままにしておくと，水が岩石にしみこんで，岩石は軟らかくなります。岩石を指でつぶしてどろどろにします。どろどろになった試料を 200 メッシュ（篩の目の直径が 0.074 mm）の篩に移して，泥を水洗します。下に流れ出る水が濁らなくなるまで水洗します。泥の粒は指でつぶします。篩の目にこすったり，周りの金具にこすると浮遊性有孔虫化石は壊れます。また，泥を一気に篩に入れると篩の目がつまって，水が篩に一杯になってしまいます。水があふれ出ないように気を付けます。流れ出る水がきれいになると篩には生物の遺骸と砂が残ります。これを篩の一ヶ所に集めて，水と一緒に器に流し込みます。定温乾燥器がある場合は，試料の入った器ごと乾燥器に入れて水を蒸発させます。器には岩石に含まれていた有孔虫化石と砂が残ります（定温乾燥器は 100 ℃以下で使用します）。定温乾燥器がないときは，ろ紙で水を取り除いて，器とろ紙の両方をホットプレートの上で乾燥させると作業が速く進みます。

3. プレパラートの作成

乾燥した試料は絵筆を使ってシャーレに移し，顕微鏡で観察すると砂に混じって有孔虫化石の個体が見出されます。これを面相筆の先を水でぬらして，貼り付けながら有孔虫スライドに移します。シャーレの試料には底生有孔虫と浮遊性有孔虫が一緒に含まれています。簡単に区別できますので，スライドに移すときに分けておきます。スライドにはあらかじめ水で薄めたボンド液を塗っておくと，少し水にぬれた有孔虫個体は固定します（**図H-2**）。

図 H-2 浮遊性有孔虫を拾い出す道具（シャーレ，有孔虫スライド，面相筆）

4. 浮遊性有孔虫を利用した地質年代の測定

浮遊性有孔虫は海面から水深 200 m までの表層に生息するものが大部分で，現生種は 40 種ほどが知られていますが，現生種の地理的分布は水温によって規制されます。海水温が低い海域では種数は少ないが豊富に生息していて，海水温の高い熱帯海域では種類も個体数も多いことが知られています。海底の堆積物に含まれる浮遊性有孔虫個体は，熱帯海域では暖流を好む種が豊富に産出して，寒流海域では冷たい水を好む種が豊富に含まれます。岩石に含まれる寒流系種群と暖流系種群の割合から当時の表層水温を推定することができます。浮遊性有孔虫化石の産出は，地層が堆積した当時の表層海水温や場所を考えるときの資料にもなりますが，最も重要な役割は地層の年代測定に利用することです。

各地の海成層から得られた浮遊性有孔虫化石を年代順に並べると，年代とともに進化して形態が異なって，その年代に特徴的な種が産出します。さらに，浮遊性生活することから，広い範囲に分布して，豊富に産出しますので，浮遊性有孔虫化石は優れた示準化石といえます。

海底の堆積物のように，順に積み重なった地層から豊富に産出する浮遊性有

孔虫化石の中で特徴的に産出する種を使うと地層を区分することができます。これが浮遊性有孔虫化石帯です。特徴的な浮遊性有孔虫種の出現・消滅は広い範囲でほぼ同時に起こるとされていますので，地層からある特徴種が出現することは，その地層は広くつながることになります。生物の出現や消滅の層準が広い地域の対比基準に使うことができるので，これを生層序基準面と呼びます。生層序基準面や化石帯を古地磁気標準年代尺度と合わせると浮遊性有孔虫化石帯や生層序基準面の年代数値が得られます。

例えば，浮遊性有孔虫の *Globorotalia truncatulinoides* 種は *Globorotalia tosaensis* から進化したとされています。*G. truncatulinoides* の出現は北半球の亜熱帯から漸移帯の海域では古地磁気層序のクロン C2n と C2r の境界に出現するとされますが，この境界は 2.0Ma（200万年前）の年代となります。このように古地磁気年代尺度に浮遊性有孔虫の出現・消滅層準をあてはめることで年代を決定をします（**図 H-3**）。

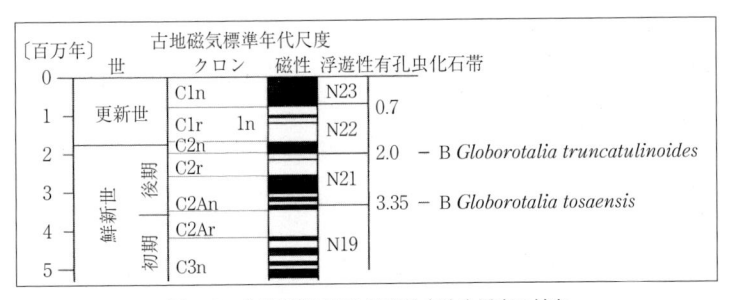

図 H-3 古地磁気層序と浮遊性有孔虫層序の対応

古地磁気標準年代尺度は地球磁場の逆転に基づく相対的な年代区分に数値年代をつけたものですが，海底に見られる縞状磁気異常をもとにして，陸上の岩石に残っている極性反転層準の年代推定値と海洋地殻の磁化極性反転箇所の年代を合わせて作成されています。古地磁気年代尺度は中生代ジュラ紀後期から新生代までが作成されています。地球磁場の逆転からつぎの逆転の期間をクロンと呼んでいます。

浮遊性有孔虫が大発展した中生代白亜紀から新生代については古地磁気年代尺度と浮遊性有孔虫生層序の対応がされていて，特徴種の出現・消滅の年代が

計算されています。特徴種の産出をつかむことで，地層の年代を決めています。

引用・参考文献

1. Berggren, W. A., Kent, D. V., Swisher, III, C. C., Aubry, M. P., (1995) : A revised Cenozoic geochronology and chronostratigraphy. Geochronology, time-scale and global stratigraphy correlation, SEPM Spec. Publ. **54**, pp. 129-212

(茨木　雅子)

さ く い ん

〔あ〕

青崩峠	157
赤石山地の山麓階	4
赤石山脈	1
赤石岳	120
赤 岩	60
赤 崩	116
赤水滝	83
アグルチネート	53
麻 機	91
浅畑沼	94
足久保の貝化石	89
イシゴロモ	21
伊豆石	30
井田火山	39
糸魚川 - 静岡構造線	5, 74, 93
犬居帯の混在岩	111
入山衝上断層	75
石廊崎断層	27
印野の御胎内	67
有度山	94
雨生山	180
鵜山の七曲がり	4, 111
ウルトラマイロナイト	152, 162
大崩海岸	100
大室山	17
大谷崩れ	82
小笠山	11
男神山	130, 131
大瀬崎	37

〔か〕

海食洞	29
柿田川	68
掛川貝化石群	142
カタクレーサイト	152
活火山	48
活断層	27
狩野川	41
カール	122
カルスト地形	168, 172
蒲原礫岩層	77
環流丘陵	110, 114
北伊豆地震	44
北沢カール	123
休火山	48
クリンカー	63
クロン	189
ケルンコル	156
古浜名湖	164
古富士	49
古富士泥流堆積物	70
駒門風穴	66
小御岳	49
混在岩	120

〔さ〕

坂部原	11
相良油田	132
笹山構造線	89, 91
三波川結晶片岩	148
三波川変成岩	147
三稜石	11, 126, 128
芝川溶岩柱状節理	77
芝川溶岩流	50
斜交層理	21
周氷河環境	123

十枚山構造線	89, 91
主杖流	54
白糸の滝	70
白糸溶岩流	70
白鳥山	75, 77
白浜層群	14
神池	38
スコリア集塊岩	53
砂走り	61
スランプ構造	136
駿河トラフ	2
成層火山	48
瀬戸川層群	87
千古の滝の褶曲	118
先小御岳	49
線状凹地	116
扇状地性三角州	3
穿入蛇行	4, 110

〔 た 〕

高草山	102
田方平野	41
滝沢鍾乳洞	166
多重山稜	117
田代火雷神社	46
只木遺跡	180
田貫湖	71
達磨火山	39
太郎坊	61
断層ガウジ	152
断層岩	151
丹那断層	44
地形の逆転	133
中央構造線	5, 150
柱状節理	25
鳥瞰図	1
天伯原	11
天窓	19
天窓洞	34
天竜峡花こう岩	146
東海道式河川	3
トンボロ	32, 33, 34

〔 な 〕

ナウマンゾウ	97, 133
中田島砂丘	185
南部フォッサマグナ	7
日本平	94

〔 は 〕

箱型褶曲構造	113
パホイホイ	65
浜名湖東岸のナウマンゾウ	175
万三郎岳	13
ビャクシン	39
屏風岩	66
風紋	130
宝永山	57
北条（ホウジ）峠の中央構造線	155
ポットホール	18

〔 ま 〕

マイロナイト	152, 161
牧ノ原礫層白羽相	127
枕状溶岩	36, 112
三日月湖	43
三倉帯乱泥流堆積物	109
三島溶岩流	50, 64
弥陀ノ岩屋	29
三ヶ日人	180
三保半島	99
明神池	39
女神山	130
メランジュ	111

網状流	107
モクハチアオイ	98

〔や〕

谷下のワニ化石	173
ヤズー型河川	92
由比の地すべり	79
湯ヶ島層群	14, 36
弓ヶ浜	29
弓ヶ浜海岸	25
溶岩鍾乳石	67
溶岩石筍	67
溶岩トンネル	17

〔ら〕

竜ヶ岩洞	172
竜爪山	1
領家花こう岩	146
領家変成岩	149, 157

〔わ〕

湧玉池	69

〔英数〕

U字谷	122

| 編者の了解に |
| より検印省略 |

1992 年 1 月 10 日　初版第 1 刷発行
2001 年 11 月 30 日　初版第 4 刷発行
2010 年 5 月 17 日　新版第 1 刷発行

新版　静岡県　地学のガイド

編 著 者　　土　　　隆　一

発 行 者　　株式会社　コロナ社
　　　　　　代表者　牛来真也
印 刷 所　　新日本印刷株式会社

112-0011　東京都文京区千石 4-46-10
発行所　株式会社　コロナ社
CORONA PUBLISHING CO., LTD.
Tokyo Japan
振替 00140-8-14844・電話 (03)3941-3131(代)

ホームページ http://www.coronasha.co.jp

ISBN 978-4-339-07546-5　（齋藤）　（製本：愛千製本所）

Printed in Japan　　　　無断複写・転載を禁ずる

落丁・乱丁本はお取替えいたします

Ⓒ　土　隆一　1992, 2010

技術英語・学術論文書き方関連書籍

技術レポート作成と発表の基礎技法
野中謙一郎・渡邉力夫・島野健仁郎・京相雅樹・白木尚人 共著
A5／160頁／定価2,100円／並製

まず，データ処理（有効数字，SI，作図作表，簡単な統計処理）を説明し，続いて技術レポートの基本的な文体・構成・論理的な考察の方法を述べた。最後に，プレゼンテーションの方法（スライド作成・説明・質疑応答）をまとめた。

マスターしておきたい 技術英語の基本
Richard Cowell・余　錦華 共著
A5／190頁／定価2,520円／並製

本書は，従来の技術英語作文技法の成書とは違い，日本人が特に間違いやすい用語の使い方や構文，そして句読法の使い方を重要度の高い順に対比的に説明している。また理解度が確認できるように随所に練習問題を用意した。

科学英語の書き方とプレゼンテーション
日本機械学会 編／石田幸男 編著
A5／184頁／定価2,310円／並製

本書は情報化，国際化が進む現在，グローバルな技術競争の中で，研究者や技術者が科学英語を用いて行うプレゼンテーションや論文等の書類作成の方法を，基礎から実践まで具体的な例を用いてわかりやすく解説している。

続 科学英語の書き方とプレゼンテーション
－スライド・スピーチ・メールの実際－
日本機械学会 編／石田幸男 編著
A5／176頁／定価2,310円／並製

本書では，効果的なスライドの作り方，講演例を通して，講演がどのように構成され，具体的にどのような英語表現を行うか，また国際的に通用するEメールの書き方などについて解説。国際会議に出席しようとしている読者には必携の書。

いざ国際舞台へ！
理工系英語論文と口頭発表の実際
富山真知子・富山 健 共著
A5／176頁／定価2,310円／並製

ルールを知れば英語で研究論文を国際舞台に送り出してやることは，そう困難なことではない。本書は英語という言語文化にのっとった書き方，発表の仕方をまず紹介し，その具体的方法やスキル習得の方策を解説した。

知的な科学・技術文章の書き方
－実験リポート作成から学術論文構築まで－
中島利勝・塚本真也 共著
A5／244頁／定価1,995円／並製

日本工学教育協会賞（著作賞）受賞

理工系学生と若手の研究者・技術者を対象に，実験リポートと卒業論文のまとめ方，図表の描き方，プレゼンテーション原稿の作成法，校閲者への回答文の執筆要領，学術論文の構築手順などすべての科学・技術文章の書き方を知的に解説。

知的な科学・技術文章の徹底演習
塚本真也 著　**工学教育賞（日本工学教育協会）受賞**
A5／206頁／定価1,890円／並製

本書は「知的な科学・技術文章の書き方」に準拠した演習問題集である。実験リポート，卒業論文，学術論文，技術報告書を書くための文章と図表作成に関して徹底的に演習できる。文部科学省特色GP採択，日本工学教育協会賞を受賞。

新コロナシリーズ

(各巻B6判，欠番は品切です)

			頁	定価
2.	ギャンブルの数学	木下 栄蔵著	174	1223円
3.	音　戯　話	山下 充康著	122	1050円
4.	ケーブルの中の雷	速水 敏幸著	180	1223円
5.	自然の中の電気と磁気	高木　相著	172	1223円
6.	おもしろセンサ	國岡 昭夫著	116	1050円
7.	コロナ現象	室岡 義廣著	180	1223円
8.	コンピュータ犯罪のからくり	菅野 文友著	144	1223円
9.	雷　の　科　学	饗庭　貢著	168	1260円
10.	切手で見るテレコミュニケーション史	山田 康二著	166	1223円
11.	エントロピーの科学	細野 敏夫著	188	1260円
12.	計測の進歩とハイテク	高田 誠二著	162	1223円
13.	電波で巡る国ぐに	久保田 博南著	134	1050円
14.	膜とは何か —いろいろな膜のはたらき—	大矢 晴彦著	140	1050円
15.	安全の目盛	平野 敏右編	140	1223円
16.	やわらかな機械	木下 源一郎著	186	1223円
17.	切手で見る輸血と献血	河瀬 正晴著	170	1223円
18.	もの作り不思議百科 —注射針からアルミ箔まで—	ＪＳＴＰ編	176	1260円
19.	温度とは何か —測定の基準と問題点—	櫻井 弘久著	128	1050円
20.	世界を聴こう —短波放送の楽しみ方—	赤林 隆仁著	128	1050円
21.	宇宙からの交響楽 —超高層プラズマ波動—	早川 正士著	174	1223円
22.	やさしく語る放射線	菅野・関 共著	140	1223円
23.	おもしろ力学 —ビー玉遊びから地球脱出まで—	橋本 英文著	164	1260円
24.	絵に秘める暗号の科学	松井 甲子雄著	138	1223円
25.	脳波と夢	石山 陽事著	148	1223円
26.	情報化社会と映像	樋渡 涓二著	152	1223円
27.	ヒューマンインタフェースと画像処理	鳥脇 純一郎著	180	1223円
28.	叩いて超音波で見る —非線形効果を利用した計測—	佐藤 拓宋著	110	1050円
29.	香りをたずねて	廣瀬 清一著	158	1260円
30.	新しい植物をつくる —植物バイオテクノロジーの世界—	山川 祥秀著	152	1223円

No.	タイトル	著者	頁	価格
31.	磁石の世界	加藤哲男著	164	1260円
32.	体を測る	木村雄治著	134	1223円
33.	洗剤と洗浄の科学	中西茂子著	208	1470円
34.	電気の不思議 ―エレクトロニクスへの招待―	仙石正和編著	178	1260円
35.	試作への挑戦	石田正明著	142	1223円
36.	地球環境科学 ―滅びゆくわれらの母体―	今木清康著	186	1223円
37.	ニューエイジサイエンス入門 ―テレパシー,透視,予知などの超自然現象へのアプローチ―	窪田啓次郎著	152	1223円
38.	科学技術の発展と人のこころ	中村孔治著	172	1223円
39.	体を治す	木村雄治著	158	1260円
40.	夢を追う技術者・技術士	CEネットワーク編	170	1260円
41.	冬季雷の科学	道本光一郎著	130	1050円
42.	ほんとに動くおもちゃの工作	加藤孜著	156	1260円
43.	磁石と生き物 ―からだを磁石で診断・治療する―	保坂栄弘著	160	1260円
44.	音の生態学 ―音と人間のかかわり―	岩宮眞一郎著	156	1260円
45.	リサイクル社会とシンプルライフ	阿部絢子著	160	1260円
46.	廃棄物とのつきあい方	鹿園直建著	156	1260円
47.	電波の宇宙	前田耕一郎著	160	1260円
48.	住まいと環境の照明デザイン	饗庭貢著	174	1260円
49.	ネコと遺伝学	仁川純一著	140	1260円
50.	心を癒す園芸療法	日本園芸療法士協会編	170	1260円
51.	温泉学入門 ―温泉への誘い―	日本温泉科学会編	144	1260円
52.	摩擦への挑戦 ―新幹線からハードディスクまで―	日本トライボロジー学会編	176	1260円
53.	気象予報入門	道本光一郎著	118	1050円
54.	続もの作り不思議百科 ―ミリ,マイクロ,ナノの世界―	ＪＳＴＰ編	160	1260円
55.	人のことば,機械のことば ―プロトコルとインタフェース―	石山文彦著	118	1050円
56.	磁石のふしぎ	茂吉・早川共著	112	1050円

定価は本体価格+税5％です。
定価は変更されることがありますのでご了承下さい。

図書目録進呈◆

地学のガイドシリーズ

(各巻B6判,欠番は品切です)

配本順				頁	定価
0. (5回)	地学の調べ方	奥村　　清編	288	2310円
1. (34回)	新版神奈川県 地学のガイド	奥村　　清編	284	2730円
3. (3回)	茨城県 地学のガイド	蜂須紀夫編	310	2520円
5. (6回)	愛知県 地学のガイド	庄子士郎編		改訂中
6. (31回)	改訂長野県 地学のガイド	降旗和夫編	288	2730円
11. (12回)	岡山県 地学のガイド	野瀬重人編		改訂中
12. (32回)	改訂滋賀県 地学のガイド(上)	県高校理科教育研編	160	1575円
12. (33回)	改訂滋賀県 地学のガイド(下)	県高校理科教育研編	158	1575円
13. (29回)	新版東京都 地学のガイド	編集委員会編	288	2730円
14. (16回)	続千葉県 地学のガイド	編集委員会編	300	2310円
17. (19回)	秋田県 地学のガイド	宮城一男著	178	1680円
19. (21回)	山梨県 地学のガイド	田中　　収編著		改訂中
20. (22回)	新潟県 地学のガイド(上)	天野和孝編著	268	2310円
21. (28回)	新潟県 地学のガイド(下)	天野和孝編著	252	2310円
24. (37回)	新版静岡県 地学のガイド	土　隆一編	204	2100円
25. (30回)	徳島県 地学のガイド	編集委員会編	216	1995円
26. (35回)	福岡県 地学のガイド	編集委員会編	244	2625円
27. (36回)	山形県 地学のガイド	山形応用地質研究会編	270	2520円

以下続刊

青森県 地学のガイド　　　高知県 地学のガイド

自然の歴史シリーズ

(各巻B6判,欠番は品切です)

配本順			頁	定価
1. (1回)	神奈川　自然の歴史	奥村　清著	224	2100円
4. (4回)	徳島　自然の歴史	奥村　清宏守成共著	256	2520円

定価は本体価格+税5%です。
定価は変更されることがありますのでご了承下さい。

図書目録進呈◆

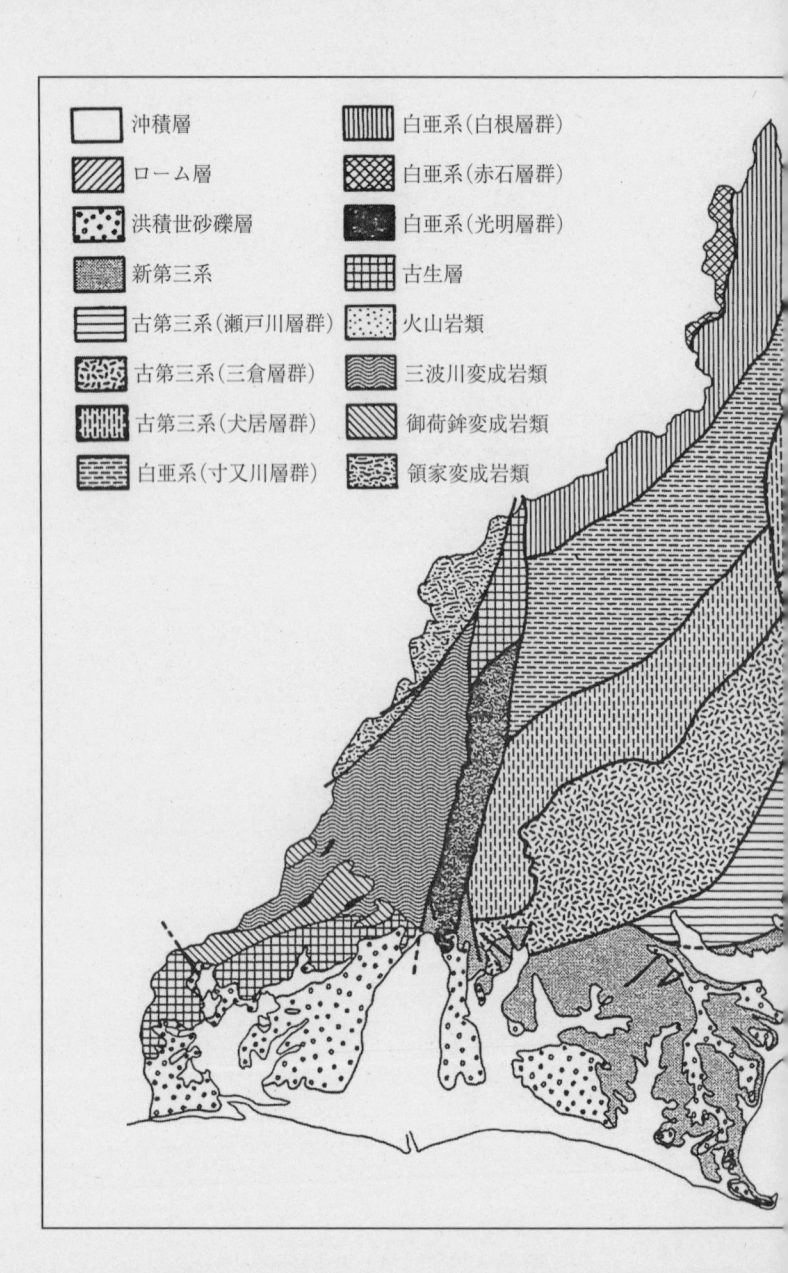

☐ 沖積層		▦ 白亜系(白根層群)	
▨ ローム層		▩ 白亜系(赤石層群)	
▧ 洪積世砂礫層		■ 白亜系(光明層群)	
▦ 新第三系		▦ 古生層	
▤ 古第三系(瀬戸川層群)		▨ 火山岩類	
▩ 古第三系(三倉層群)		▬ 三波川変成岩類	
▦ 古第三系(犬居層群)		▨ 御荷鉾変成岩類	
▦ 白亜系(寸又川層群)		▩ 領家変成岩類	